高水平发展中餐烹饪专业群系列教材

菜点美化与装饰

主编 ◇ 朱洪朗

暨南大学出版社
中国·广州

图书在版编目（CIP）数据

菜点美化与装饰 / 朱洪朗主编. -- 广州 : 暨南大学出版社, 2024. 11. -- (高水平发展中餐烹饪专业群系列教材). -- ISBN 978-7-5668-4038-7

Ⅰ. TS972.114

中国国家版本馆CIP数据核字第20247ED136号

菜点美化与装饰
CAIDIAN MEIHUA YU ZHUANGSHI
主　编：朱洪朗

出 版 人：	阳　翼
统　　筹：	黄文科
责任编辑：	冯月盈
责任校对：	刘舜怡　潘舒凡
责任印制：	周一丹　郑玉婷

出版发行：	暨南大学出版社（511434）
电　　话：	总编室（8620）31105261
	营销部（8620）37331682　37331689
传　　真：	（8620）31105289（办公室）　37331684（营销部）
网　　址：	http://www.jnupress.com
排　　版：	广州尚文数码科技有限公司
印　　刷：	广东信源文化科技有限公司
开　　本：	787mm×1092mm　1/16
印　　张：	12.5
字　　数：	217千
版　　次：	2024年11月第1版
印　　次：	2024年11月第1次
定　　价：	68.00元

（暨大版图书如有印装质量问题，请与出版社总编室联系调换）

"高水平发展中餐烹饪专业群系列教材"
编委会

主　　任：张立波　王　勇
副 主 任：王朝晖　黄国庭　胡秋月　何永辉

总 主 编：马健雄
执行主编：朱洪朗
编　　委：（按姓氏音序排列）
　　　　　蔡树容　陈金川　傅云雁　古国青　江志伟
　　　　　梁玉婷　林丽华　刘海珍　刘月娣　刘卓毅
　　　　　马健雄　彭　健　温雪秋　吴晓儿　叶光婷
　　　　　朱洪朗　邹宇航

校企联合建设单位：
广州市旅游商务职业学校
广东烹饪协会
广东省餐饮技师协会
广州地区饮食行业协会
广州市竹之溪喜宴酒家有限公司
广州酒家集团餐饮管理有限公司
闻见（广州）饮食有限公司
广州岭南国际酒店管理有限公司
广州嘉乐蛋挞王
惠州皇冠假日酒店
广州壹五壹十餐饮有限公司
广州市同记安平餐饮管理有限公司
广州优美西点职业技能培训学校有限公司
珠海市香洲区蕾娜蛋糕店

《菜点美化与装饰》
编委会

主　　编：朱洪朗

副 主 编：傅云雁　陈金川　刘月娣

　　　　　蔡树容　梁玉婷　刘海珍

总　序

党的二十大报告提出了推进产教融合、科教融汇,优化职业教育类型定位等重要内容,对于"实施科教兴国战略,强化现代化建设人才支撑"进行了详细丰富、深刻完整的论述,明确了科教兴国战略在新时代的科学内涵和使命任务,也明确地把大国工匠和高技能人才作为人才强国战略的重要组成部分。职业教育与经济社会发展紧密相连,对促进就业创业、助力科技创新、增进人民福祉具有重要意义。新百年、新征程,关于发展职业教育的重要性和紧迫性,以及推动职业教育高质量发展,党的二十大报告表述得非常清楚。

2021年,广州市旅游商务职业学校被评为广东省高水平中职学校建设单位,其中,中餐烹饪专业群是学校两个高水平专业群之一。广州市旅游商务职业学校烹饪专业至今已有50年的办学历史,致力于烹饪人才培养,多年来为社会输送了一大批工匠型餐饮技能人才,为旅游餐饮业作出了巨大的贡献。

为响应高素质烹饪技能型人才培养的需求,我们组织骨干力量编写了这套"高水平发展中餐烹饪专业群系列教材",第一批拟推出6种,分别为《面包制作技术》《西餐烹饪基础》《西餐菜肴制作》《广东名菜制作》《菜点美化与装饰》《蛋糕裱花装饰》。本系列教材是以实践任务为导向,融合理实一体的学习模式,突出实用性与技能性。本系列教材的特色如下:

(1)课程思政是职业教育课程改革的重要切入点,本系列教材着力于构建课程思政育人目标,丰富烹饪专业课程思政内涵,将思政内容切实贯穿于教材的学习目标之中，以工匠精神为抓手融入思政元素，让学生学有所感、学有所悟。

（2）作为先进职业教育课程开发理念的重要载体，活页式教材通过新形态的结构设计，将工作手册式的教学内容进行创新展示，体现了"以学习者为中心"的理念。本系列教材采用模块—项目—任务式的工作页形式，方便学生自学和实操。

（3）教材内容的编排注意引导学生将理论知识应用到实践当中，注重培养学生的动手能力，养成良好的职业素养，强调团队合作；鼓励学生在传承技艺、精益求精的同时，能够做到发散思维，积极探索创新。

（4）教材特别注重结合新媒体传播手段，组织教师演示、录制烹饪视频，在教材中采用 ISLI / MPR 技术，将制作步骤、操作技法通过链接视频的方式清晰展示，极为直观，方便学生学习。

总之，我们希望学生通过系统、规范的学习，掌握技能，提高素养，并在此基础上追求卓越和创新，成为新世纪具有高度职业责任感的大国工匠，为国家经济发展作出贡献。

本系列教材在编写过程中，得到广东省多家知名餐饮企业以及一批行业专家的大力支持，在此一并表示感谢！书中的不足之处，敬请广大专家、读者批评指正。

马健雄

2023 年 1 月

前　言

随着餐饮文化的不断发展，菜点的美化已成为提升菜品吸引力和创造餐饮文化新境界的重要环节。根据《"十四五"职业教育规划教材建设实施方案》的编写精神和教育部提出的课程改革要求，我们从学生的实际情况出发，结合烹饪技术和现代信息化技术，站在满足行业需求的角度，用一种全新的方式编写了《菜点美化与装饰》教材。本教材致力于培养学生的审美眼光、创新思维与实践操作能力，力求为餐饮行业输送更多具有高素养、高技能的专业人才。

《菜点美化与装饰》教材邀请行业大师参与课程规划、论证、编写和视频拍摄，体现了校企合作的高度融合。教材编写过程中，所有的项目任务作品重新制作、拍摄、剪辑，均使用图片来分析步骤和文字来解释内容，实物照片将各个知识要点生动地展示出来；学生用手机扫码，就可以观看视频教学。学生学习不受时间和地点的制约，可以反复观看视频。本教材为学生提供了一个全面、现代、实用的学习参考，不仅让其掌握专业技能，更能激发他们对美食艺术的热情。本教材秉承黄炎培职业教育的教学原则"手脑并用，做学合一"，具有科学性、先进性，符合职业教育教学的普遍规律，体现信息化教学的特点，教学效果显著，具有示范和辐射推广作用。

《菜点美化与装饰》教材共设2个模块和7个项目，其中模块一的内容由朱洪朗、刘海珍负责编写；在模块二中，项目一的内容由傅云雁负责编写，项目二和项目三的内容由朱洪朗负责编写，项目四的内容由陈金川负责编写，项目五的内容由梁玉婷负责编写，项目六的内容由蔡树容负责编写，项目七的内容由刘月娣负责编写；全书由刘海珍进行统稿。教材视频制作由广州市旅游商务职业学校的朱洪朗、傅云雁、陈金川、蔡树容、梁玉婷、刘月娣等老师和惠州皇冠假日酒店的王涛、广州市同记安平餐饮管理有限公司的李望胜、广州壹五壹十餐饮有限公司的李纯展共同完成。

由于作者水平有限，本教材在编写过程中难免会出现一些不足或疏漏之处，恳请读者批评指正，以便后续完善。

编 者

2024 年 4 月

目 录

001 / 总　序

001 / 前　言

001 / 模块一　菜点美化与装饰基础知识

003 / 任务　菜点美化与装饰概述

007 / 模块二　菜点装饰造型实训

009 / 项目一　酱汁类菜点装饰造型

009 / 任务一　酱汁类盘饰概述

013 / 任务二　勾画法盘饰制作

015 / 任务三　滴坠法盘饰制作

017 / 任务四　转盘法盘饰制作

019 / 任务五　杯压法盘饰制作

021 / 任务六　拖尾法盘饰制作

023 / 任务七　压模法盘饰制作

025 / 任务八　刷酱法盘饰制作

029 / 任务九　刮抹法盘饰制作

031 / 项目二　果酱画类菜点装饰造型

031 / 任务一　果酱画类盘饰概述

033 / 任务二　线条盘饰制作

037 / 任务三　梅花盘饰制作

039 / 任务四　喇叭花盘饰制作

043 / 任务五　牡丹花盘饰制作

047 / 任务六　荔枝盘饰制作

051 / 任务七　葡萄盘饰制作

055 / 任务八　虾趣盘饰制作

059 / 任务九　小雀盘饰制作

063 / 项目三　蔬果类菜点装饰造型

063 / 任务一　蔬果类盘饰概述

065 / 任务二　扇子盘饰制作

069 / 任务三　灯笼盘饰制作

073 / 任务四　花语盘饰制作

077 / 任务五　"同一世界"盘饰制作

081 / 任务六　"节节高升"盘饰制作

085 / 任务七　"截然不同"盘饰制作

089 / 任务八　"永远相随"盘饰制作

093 / 任务九　"落落大方"盘饰制作

097 / 项目四　脆片类菜点装饰造型

097 / 任务一　脆片类盘饰概述

101 / 任务二　米浆薄脆盘饰制作

103 / 任务三　焦糖脆片盘饰制作

105 / 任务四　彩色糖片盘饰制作

107 / 任务五　黄油芝麻脆片盘饰制作

109 / 任务六　墨鱼西米脆片盘饰制作

111 / 任务七　树叶脆片盘饰制作

113 / 任务八　彩色珊瑚脆片盘饰制作

115 / 任务九　南瓜海苔脆片盘饰制作

117 / 项目五　面塑类菜点装饰造型

117 / 任务一　面塑类盘饰概述

121 / 任务二　玫瑰花盘饰制作

123 / 任务三　康乃馨盘饰制作

125 / 任务四　木棉盘饰制作

129 / 任务五　长茄子盘饰制作

131 / 任务六　木瓜盘饰制作

133 / 任务七　雪梨盘饰制作

135 / 任务八　苹果盘饰制作

139 / 任务九　水蜜桃盘饰制作

141 / 项目六　糖艺类菜点装饰造型

141 / 任务一　熬糖及调色技术

143 / 任务二　淋糖盘饰制作

145 / 任务三　糖丝盘饰制作

147 / 任务四　叶子盘饰制作

149 / 任务五　糖条盘饰制作

151 / 任务六　糖球盘饰制作

153 / 任务七　马蹄莲盘饰制作

155 / 任务八　五瓣花盘饰制作

157 / 任务九　天鹅盘饰制作

159 / 项目七　果蔬雕刻类菜点装饰造型

159 / 任务一　果蔬雕刻类盘饰概述

161 / 任务二　茶花盘饰制作

163 / 任务三　黄兰花盘饰制作

165 / 任务四　樱桃萝卜花盘饰制作

167 / 任务五　小蘑菇盘饰制作

169 / 任务六　灯笼盘饰制作

171 / 任务七　扇子盘饰制作

175 / 任务八　蜗牛盘饰制作

179 / 任务九　南瓜盘饰制作

183 / 附　录

模块一

菜点美化与装饰基础知识

任务　菜点美化与装饰概述

思政目标

通过学习，培养学生学习的兴趣，了解菜点装饰与美学融合的关系，提高学生的审美能力和艺术鉴赏力，同时加深对中国传统文化和艺术的理解和认识，提升文化素养，塑造学生的审美观。

学习目标

（1）了解菜点美化与装饰的内涵。
（2）掌握菜点美化与装饰的分类。

任务实施

一、菜点美化与装饰的概念

菜点美化与装饰又称"围边""镶边""盘饰""点缀""盘头"等，是指将符合卫生标准的原料或者酱汁加工处理成一定形状或者图案后，以菜点为主体，摆在器皿周边或者一边，对菜点进行美化、装饰的一种技法过程。

早期的盘饰技法简单，主要做法是在菜点的旁边摆放一朵鲜花或者将萝卜雕刻成花，或者在菜肴的旁边摆上番芫荽、香菜叶、黄瓜片等。如今，随着烹饪技能的发展和人们对饮食要求的进一步提高，菜点制作不但要美味可口还要造型美观，所以对菜点装饰方面的要求也越来越高。

二、菜点美化与装饰的分类

（一）按装饰的空间分类

菜点美化与装饰按照装饰的空间可以分为平面式盘饰和立体式盘饰。

> 课堂笔记

1. 平面式盘饰

将一些原料或者酱汁加工成一定形状或者图案,摆放在盘子中形成平面造型图案。这种盘饰制作方法相对简单、制作速度快,而且原材料价格低廉,使用较广泛。

2. 立体式盘饰

将烹饪原料进行加工处理,使之呈现一种立体的效果,放在盘子周边进行点缀。这种盘饰造型别致大方、视觉效果强、款式较多,有利于提高菜肴的品位,但制作速度慢、制作时间较长,对制作者的技术功底要求较高。

(二)按装饰制作的原料分类

菜点美化与装饰按照装饰制作的原料可以分为酱汁类盘饰、果酱画类盘饰、蔬果类盘饰、脆片类盘饰、面塑类盘饰、糖艺类盘饰、果蔬雕刻类盘饰等。

1. 酱汁类盘饰

巧妙地运用各种酱汁以及颜色丰富的果蔬泥,在盘中勾画出各种精美图案,可以为菜品增添色彩和层次感,使其更加美观诱人。同时,合理地运用酱汁及果蔬泥还能够调和菜品的口感,使其更加丰富和平衡。

2. 果酱画类盘饰

利用各种果酱和酱汁瓶在盘子上面甩出抽象线条或者画出一定造型图案。主要原料有各种口味(如巧克力味、芒果味、哈密瓜味、草莓味等)的果膏。

3. 蔬果类盘饰

使用不同的刀法将可食用的蔬菜、水果切成各种形状,在盘子上摆出各种造型。常用原料有黄瓜、小番茄、胡萝卜、青萝卜、莲藕、芋头、青红椒、橙子、小金橘、哈密瓜、西瓜、草莓、蓝莓等。

4. 脆片类盘饰

脆片类盘饰主要以面粉、黄油或蔬菜、水果为原料,经过混合加工后用不同的烹调方式制作而成,具有口感酥脆、色极丰富、口味多样的特点,不仅能够增加菜品的视觉效果,还丰富了口感层次,是提升菜肴综合质量的重要元素。

5. 面塑类盘饰

在烫好的澄面中加入不同颜色的食用色素,利用工具和手法制作出不同图案造型的盘饰。

6. 糖艺类盘饰

将艾素糖放在容器中加热至175℃，根据需求加入不同颜色的食用色素，采用一定的工艺手法或者借助磨具，将糖体制作成各种造型的盘饰。

7. 果蔬雕刻类盘饰

通过各种雕刻技法，将富有色彩和形状美感的水果与蔬菜雕刻成精致有创意的作品，使果蔬雕刻盘饰成为餐桌上的艺术品。

三、菜点美化与装饰的制作原则

（1）选用的烹饪原料必须新鲜、卫生、无毒、安全可食用。
（2）根据菜肴的造型特征来选择盘饰类型。
（3）制作时刀工要精细，拼摆要美观。
（4）原料的色彩搭配要和谐，对比度要合适。
（5）盘饰制作要适度，不能喧宾夺主。

四、菜点美化与装饰的作用

（1）美化菜肴，增进客人食欲。
（2）提高菜肴的整体品位。
（3）强调菜肴重点，使重点菜肴更加突出。
（4）增加就餐情趣，渲染就餐氛围。
（5）适当地弥补菜肴在形状和色彩上的不足。

任务作业

（1）简述菜点美化与装饰的概念与分类。
（2）简述菜点美化与装饰在宴席中的作用。

课堂笔记

模块二

菜点装饰造型实训

项目一　酱汁类菜点装饰造型

> 课堂笔记

🥄 **思政目标**

通过学习酱汁的制作和调配，培养学生的创新思维，鼓励学生尝试不同的配方和口味，提升菜品的独特性和创意性。通过不断反复练习酱汁的盘饰技巧，培养学生精益求精、刻苦耐劳的工作态度。

任务一　酱汁类盘饰概述

🥄 **学习目标**

（1）掌握不同种类酱汁的制作方法和调配技巧，包括藏红花蛋黄酱、黑醋汁、奶油南瓜酱等常见酱汁以及可提升盘饰效果的配菜的制作。

（2）学习如何运用不同的酱汁进行菜点盘饰，提升菜品的口感和美观度。

🥄 **任务实施**

在烹饪过程中，酱汁是一种重要的调味品，能够为菜品增添丰富的口感和味道。酱汁盘饰是提升菜品美观度的重要方法之一，学习和掌握各类酱汁的制作方法和运用技巧对于烹饪专业学生来说具有重要的意义。

酱汁的种类繁多，如酱油、醋、辣椒酱、花生酱等，每一种酱汁都有其独特的风味和用途。每一种酱汁具有不同的颜色，与食材搭配要注意色彩的协调。本项目通过演示黑醋汁等酱汁以及常见的果蔬泥的盘饰方法，让学生通过学习了解不同酱汁及常见的果蔬泥的原料和制作过程，掌握它们的特点和使用方法，从而能够根据菜品的口味需求进行合理的选择和调配。

酱汁盘饰常用的八种方法包括：勾画法、滴坠法、转盘法、杯压法、拖尾法、压模法、刷酱法以及刮抹法。通过巧妙地运用颜色丰富的酱汁以及果蔬泥，可以为菜品增添色彩和层次感，使其更加美观诱人。同时，合理地运用酱汁及果蔬泥还能够调和菜品的口感，使其更加丰富和平衡。

1. 勾画法

将搭配菜品的酱汁或者果蔬泥用不锈钢勺子在碟子中勾画出一定的弧形。此种方法运用广泛、简单快捷，且成品美观大方。

图 2-1　勾画法

2. 滴坠法

将搭配菜品的酱汁或者果蔬泥用勺子或者挤酱瓶以一定的大小顺序滴在碟子上，从而达到既可给菜品搭配酱汁又可提升菜品美观度的作用。

图 2-2　滴坠法

3. 转盘法

借助转盘，将搭配菜品的酱汁或者果蔬泥用挤酱瓶在快速转动的碟子上拉画出圆形的线条，达到提升菜品美观度的作用。

图 2-3　转盘法

4. 杯压法

利用玻璃杯等平底器皿将有一定浓稠度的酱汁压出规整的纹路，用于装饰菜肴，提升菜品的美观度。

图 2-4　杯压法

5. 拖尾法

将搭配菜品的酱汁或者果蔬泥用不锈钢勺子在碟子中拖划出一定的线条，为菜品的配菜换一种呈现形式，给用餐客人惊喜。

图 2-5　拖尾法

6. 压模法

将搭配菜品的酱汁或者果蔬泥用不锈钢勺子沿着圆形模具在碟子中勾画出长条弧形，从而达到提升菜品美观度的作用。

图 2-6　压模法

课堂笔记

7. 刷酱法

既可以借助转盘刷画也可以静态刷画。在借助裱花转盘刷画时，先在碟子中央倒入适量酱汁，然后快速转动转盘，用刷子轻轻触碰酱汁，使其均匀晕染开，再摆上准备好的甜品与水果即可。

图 2-7　刷酱法

8. 刮抹法

先用勺子将果蔬泥倒在碟子上，接着用小抹刀平行碟子将果蔬泥向右边刮抹开，可以叠加多种颜色的果蔬泥，为菜品的健康美味加分的同时还可以提升菜品整体美观度。

图 2-8　刮抹法

任务作业

（1）将常见的酱汁以及果蔬泥进行颜色分类与整理。

（2）通过查阅资料，预习各种酱汁盘饰的制作方法以及运用。

任务二　勾画法盘饰制作

🥄 学习目标

（1）了解勾画法盘饰所用到的酱汁或果蔬泥的制作方法。

（2）掌握勾画法盘饰在菜品装饰上的实施方法和摆盘技巧。

任务准备

1. 原料准备

牛油果1个、蛋黄酱10克、淡奶油5克、柠檬汁3克、番芫荽碎5克；煎好的三文鱼及配菜若干。

2. 设备与工具准备

绿色砧板、搅拌机、10寸主菜碟、不锈钢勺子。

任务实施

（1）用不锈钢勺子挖出牛油果果肉，切成2厘米方块备用。

（2）将牛油果肉放入搅拌机，加入蛋黄酱、淡奶油、柠檬汁、番芫荽碎，一起搅打均匀至细腻。

（3）成品牛油果酱丝滑细腻，颜色翠绿。

（4）用不锈钢勺子舀一勺牛油果泥置于碟子上。

（5）用不锈钢勺子从牛油果泥中心往外画出直线或者微弧形纹路。

（6）在勾画出来的酱汁旁摆上备好的三文鱼等菜品即可。

课堂笔记

❶　　　　　❷　　　　　❸

视频扫一扫

课堂笔记

图 2-9　勾画法盘饰制作

操作要领

（1）勾画法适用的酱汁种类较多，无论是甜品还是热菜都可以使用此种画酱方法。

（2）注意勾画酱汁要一次成型，不可重复勾画。

任务评价

见附录 1。

任务作业

（1）选择一个自己喜欢的菜品，用勾画法进行盘饰，并拍照记录。

（2）上网查找一些勾画法盘饰的菜品案例，分析其中的表现手法，写下自己的观察和感受。

任务三　滴坠法盘饰制作

学习目标

（1）了解滴坠法盘饰所用到的酱汁或果蔬泥的制作方法。
（2）掌握滴坠法在菜品装饰上的实施方法和摆盘技巧。

任务准备

1. 原料准备

青豆 500 克、洋葱丝 20 克、薄荷叶 5 克、柠檬汁 3 克、鸡汤 250 毫升、牛奶 50 毫升、盐适量；煎好的带子及配菜若干。

2. 设备与工具准备

少司锅、长柄炒勺、搅拌机、10 寸主菜碟、挤酱瓶、漏勺、玻璃碗、不锈钢勺子。

任务实施

（1）将青豆用开水煮 5 分钟。
（2）用漏勺捞出青豆备用。
（3）炒香洋葱丝，加入青豆继续炒香。
（4）加入鸡汤（200 毫升）、牛奶、盐以及薄荷叶煮 3 分钟。
（5）倒入搅拌机中，加入柠檬汁，边搅打边视情况加入剩余鸡汤，搅打 2～3 分钟至均匀细腻。
（6）成品青豆泥光滑细腻，颜色翠绿。
（7）将制作好的青豆泥装入拼酱瓶中，示范滴坠法盘饰。
（8）用挤酱瓶挤适量青豆泥于碟子中心位置上，围绕着青豆泥将煎好的带子等菜品依次摆上。
（9）搭配菜品装盘。

课堂笔记

视频扫一扫

课堂笔记

图 2-10 滴坠法盘饰制作

操作要领

（1）青豆泥要细腻翠绿，滴坠点要干净利落、大小规整。

（2）注意挤压挤酱瓶时瓶身要垂直于碟子，挤压力度要由大至小，手法干净利落，这样挤出来的坠点由大至小分布。

任务评价

见附录1。

任务作业

（1）选择一个自己喜欢的菜品，用滴坠法进行盘饰，并拍照记录。

（2）上网查找一些滴坠法盘饰的菜品案例，分析其中的色彩搭配技巧，写下自己的观察和感受。

任务四　转盘法盘饰制作

课堂笔记

学习目标

（1）了解转盘法盘饰所用到的酱汁或果蔬泥的制作方法。
（2）掌握转盘法在菜品装饰上的实施方法和摆盘技巧。

任务准备

1. 原料准备

意大利黑醋 200 克、白糖 160 克；煎好的三文鱼及配菜若干。

2. 设备与工具准备

少司锅、挤酱瓶、10 寸主菜碟、镊子、裱花转盘、不锈钢勺子、玻璃碗、汤勺。

任务实施

（1）将 200 克意大利黑醋、160 克白糖一起放入少司锅中。
（2）开中小火将黑醋熬煮至浓稠，离火搅拌冷却备用。
（3）成品黑醋汁浓稠光亮。
（4）将主菜碟放在裱花转盘上，旋转碟子时将挤酱瓶垂直于碟子上方。
（5）将垂直挤出的黑醋汁在旋转的碟子上拉画出圆形的线条。
（6）在画好的酱汁边摆上煎好的三文鱼等菜品即可。

视频扫一扫

课堂笔记

图 2-11 转盘法盘饰制作

操作要领

（1）黑醋汁浓稠光亮，酱汁纹路清晰、干净利落。

（2）注意挤压挤酱瓶时瓶身要垂直于碟子，挤压力度保持一致；转盘旋转的速度适中，这样挤出来的线条大小一致，更美观。

任务评价

见附录1。

任务作业

（1）选择一个自己喜欢的菜品，用转盘法进行盘饰，并拍照记录。

（2）上网查找一些转盘法盘饰的菜品案例，分析其中的摆盘技巧，写下自己的观察和感受。

任务五　杯压法盘饰制作

学习目标

（1）了解杯压法盘饰所用到的酱汁或果蔬泥的制作方法。
（2）掌握杯压法在菜品装饰上的实施方法和摆盘技巧。

任务准备

1. 原料准备

藏红花1克、蛋黄酱50克、柠檬汁3克；煎好的西冷牛排及配菜若干。

2. 工具准备

玻璃碗、不锈钢勺子、10寸主菜碟。

任务实施

（1）将藏红花放入柠檬汁中浸泡出颜色后，将蛋黄酱与浸有藏红花的柠檬汁搅拌均匀，装入碗中备用。
（2）成品藏红花蛋黄酱如图。
（3）用不锈钢勺子舀一勺藏红花蛋黄酱置于碟子中心位置。
（4）将玻璃碗用力垂直压下。
（5）垂直取走玻璃碗，即可压出规整的花纹。
（6）在压制出来的酱汁周围摆上备好的牛排等菜品即可，还可在花纹周围增加一些滴坠，丰富装饰。

课堂笔记

视频扫一扫

课堂笔记

图 2-12 杯压法盘饰制作

操作要领

（1）杯压法盘饰要求酱汁花纹纹路清晰、有立体感。

（2）需要制作出较浓稠且细腻的酱汁，才能压出有立体感、纹路清晰的酱汁花纹。

任务评价

见附录1。

任务作业

（1）自行制作常见的酱汁，用杯压法进行盘饰，并记录下不同角度和力度压制出来的效果。

（2）上网查找一些杯压法盘饰的菜品案例，分析其中的摆盘技巧，写下自己的观察和感受。

任务六　拖尾法盘饰制作

学习目标

（1）了解拖尾法盘饰所用到的酱汁或果蔬泥的制作方法。

（2）掌握拖尾法在菜品装饰上的实施方法和摆盘技巧。

任务准备

1. 原料准备

土豆 1 个、黄油 20 克、牛奶 80 克、盐 3 克；煎好的西冷牛排及配菜若干。

2. 设备与工具准备

玻璃碗、搅拌机、10 寸主菜碟、不锈钢勺子。

任务实施

（1）将土豆带皮煮至可以轻松将叉子插入即可捞出去皮。

（2）将去皮的土豆切块放入搅拌机中，加入牛奶、黄油、盐，一起搅打均匀至细腻。

（3）成品土豆泥如图。

（4）用不锈钢勺子舀一勺土豆泥置于碟子上。

（5）用不锈钢勺子从土豆泥中心往外垂直画出一条细细的尾巴。

（6）在画出来的酱汁周围摆上煎好的牛排等菜品即可。

课堂笔记

❶

❷

❸

视频扫一扫

课堂笔记

图 2-13　拖尾法盘饰制作

操作要领

（1）土豆泥乳黄细腻，酱汁纹路清晰。

（2）注意勺子要保持干净，手法要干净利落，不可重复拖尾。

任务评价

见附录 1。

任务作业

（1）选择一个自己喜欢的菜品，用拖尾法进行盘饰，并拍照记录。

（2）上网查找一些拖尾法盘饰的菜品案例，分析其中的摆盘技巧，写下自己的观察和感受。

任务七　压模法盘饰制作

课堂笔记

学习目标

（1）了解压模法盘饰所用到的酱汁或果蔬泥的制作方法。

（2）掌握压模法在菜品装饰上的实施方法和摆盘技巧。

任务准备

1. 原料准备

南瓜片 500 克、牛奶 200 克、奶油 50 克、洋葱丝 10 克、蒜蓉 3 克、鸡汤 50 毫升、盐 3 克；煎好的带子及配菜若干。

2. 设备与工具准备

少司锅、耐高温硅胶铲、搅拌机、圆形慕斯圈、10 寸主菜碟、不锈钢勺子。

任务实施

（1）将蒜蓉炒香，加入洋葱丝炒香，再放入南瓜片继续炒香。

（2）加入鸡汤和牛奶将南瓜煮软，加盐调味。

（3）将调好味的南瓜泥放入搅拌机中，加入奶油搅打成细腻的南瓜泥。

（4）准备好的南瓜泥如图。

（5）将圆形慕斯圈放在主菜碟的中心位置。

（6）用不锈钢勺子舀一勺南瓜泥沿着慕斯圈画出一个大弧形。

（7）根据碟子的大小调整弧形的长度。

（8）取走慕斯圈，在画好的南瓜泥盘饰旁摆上煎好的带子等菜品即可。

视频扫一扫

课堂笔记

图 2-14 压模法盘饰制作

操作要领

（1）南瓜泥细腻丝滑，酱汁纹路清晰。

（2）注意勺子要保持干净，手法要干净利落，不可重复勾画。

任务评价

见附录1。

任务作业

（1）选择一个自己喜欢的菜品，用压模法进行盘饰，并拍照记录。

（2）上网查找一些压模法盘饰的菜品案例，分析其中的摆盘技巧，写下自己的观察和感受。

任务八　刷酱法盘饰制作

学习目标

（1）掌握刷酱法盘饰的制作手法以及刷酱工具的运用。

（2）掌握刷酱法在菜点装饰上的实施方法和摆盘技巧。

任务准备

1. 原料准备

蓝莓果酱、芒果果酱、酸奶酱、蛋糕、什锦坚果、蓝莓、草莓、薄荷叶。

2. 工具准备

木柄刷子、挤酱瓶、裱花转盘、10寸主菜碟、厨房纸巾。

任务实施

静态刷酱法：

（1）用刷子沾上酸奶酱，用画半圆的方式将酸奶酱刷画于碟子上。

（2）继续在第一个半圆边上刷第二个半圆。

（3）注意掌握刷酱力度，力度一致地刷完三个半圆。

（4）用厨房纸巾将酱汁边缘擦出一条直线，摆上三角形的蛋糕，再沿着蛋糕边缘挤上几滴酸奶酱，使盘饰更美观。

（5）摆盘成品。

课堂笔记

视频扫一扫

课堂笔记

图 2-15 静态刷酱法盘饰制作

转盘刷酱法：

（1）准备好蓝莓果酱与芒果果酱，在白色碟子中心挤上一大滴蓝莓果酱，以蓝莓果酱为中心再挤上六滴大小均匀的芒果果酱。

（2）快速转动裱花转盘，用刷子轻轻触碰酱汁，从里到外开始刷画。

（3）在裱花转盘转动同时，用刷子接触酱汁，调整力度大小，将酱汁刷成均匀晕染开的状态。

（4）摆上准备好的甜品、水果、坚果等。

（5）摆盘成品。

图 2-16 转盘刷酱法盘饰制作

操作要领

（1）刷酱手法要轻盈，避免力度太大导致酱汁太稀薄。

（2）注意裱花转盘不要转动太快，适中匀速即可。

任务评价

见附录1。

任务作业

（1）选择一个自己喜欢的点心，用刷酱法进行盘饰，并拍照记录。

（2）上网查找一些刷酱法盘饰的菜品案例，分析其中的摆盘技巧，写下自己的观察和感受。

课堂笔记

任务九　刮抹法盘饰制作

学习目标

（1）掌握刮抹法盘饰的制作手法以及刮抹工具的运用。

（2）掌握刮抹法在菜点装饰上的实施方法和摆盘技巧。

任务准备

1. 原料准备

南瓜泥 10 克、青豆泥 5 克、土豆泥 30 克；煎好的三文鱼、西冷牛排及配菜若干。

2. 工具准备

不锈钢勺子、小抹刀、齿轮三角板、10 寸主菜碟、镊子。

任务实施

（1）提前准备好南瓜泥和青豆泥。

（2）用不锈钢勺子将 10 克南瓜泥放到碟子上，接着将 5 克青豆泥叠加到南瓜泥上。

（3）用小抹刀倾斜 45°将果蔬泥向右边刮抹开。

（4）以刮抹开的果蔬泥为中心，将准备好的三文鱼及配菜摆上去即可。

（5）同样，可以将小抹刀换成齿轮三角板进行刮抹。

（6）在刮抹好的果蔬泥旁边摆上准备好的牛排及配菜。

课堂笔记

视频扫一扫

图 2-17　刮抹法盘饰制作

操作要领

（1）在刮抹过程中注意刮刀要干净。

（2）注意果蔬泥表面要细腻光滑。

任务评价

见附录 1。

任务作业

（1）选择一个自己喜欢的菜品，用刮抹法进行盘饰，并拍照记录。

（2）上网查找一些刮抹法盘饰的菜品案例，分析其中的摆盘技巧，写下自己的观察和感受。

项目二　果酱画类菜点装饰造型

🚩 思政目标

通过学习,增加学生对直线和曲线美的认识,了解果酱画与中国传统国画的意境美,树立文化自信,传承中华优秀传统文化,培养勤学苦练精神,塑造职业素养的养成习惯。

任务一　果酱画类盘饰概述

🥄 学习目标

(1)了解果酱画盘饰采用的原料和使用的工具。
(2)掌握果酱画盘饰的要求和特点。

🚩 任务实施

一、常用的原料

常用的原料主要是不同口味的果膏,如巧克力、蓝莓、哈密瓜、草莓、芒果等口味的果膏。

图 2-18　果膏

课堂笔记

二、常用的工具

1. 果酱瓶

果酱瓶是果酱画盘饰最常用的工具之一,每个瓶子配备不同口径的瓶嘴,适合画出不同粗细的线条,使用起来非常方便。

图 2-19 果酱瓶

2. 裱花袋

裱花袋按材料划分可分为塑料裱花袋和布裱花袋。在菜点装饰过程中,我们一般使用塑料裱花袋,先将果酱装入袋子,然后在最前端剪个小口即可使用。

图 2-20 塑料裱花袋　　图 2-21 布裱花袋

三、制作过程要求

（1）根据菜肴特点来设计造型。
（2）注意操作过程的卫生。
（3）注意盘饰造型的美观。

四、成品特点

（1）成品造型美观大方,色彩搭配合理,富有艺术感。
（2）成品富有国画的意境美。

任务作业

（1）简述果酱画盘饰的概念与成品特点。
（2）预习下节课的任务内容。

任务二 线条盘饰制作

学习目标

（1）了解以线条为主的盘饰造型。
（2）掌握画线条和填充颜色的技巧。

任务准备

1. 原料准备

中蓝色果酱、黑色果酱、黄色果酱、红色果酱、绿色果酱。

2. 工具准备

圆形平板碟、棉签、手布。

任务实施

一、如何拿果酱瓶

1. 示范两种错误的拿法

图 2-22 果酱瓶错误的拿法

2. 示范正确的拿法

（1）用大拇指和食指指间的虎口处握住果酱瓶。
（2）画的过程中轻轻用力即可。

课堂笔记

视频扫一扫

课堂笔记

图 2-23　果酱瓶正确的拿法

二、如何画线条

（1）画直线。
（2）画曲线。

图 2-24　画线条

三、如何填充颜色

（1）先用黑色果酱画出相交不规则的线条。
（2）然后用不同颜色的果酱进行填充。
（3）完成作品。

图 2-25　填充颜色

操作要领

（1）掌握拿果酱瓶的正确方法。

（2）掌握不同类型线条的画法。

（3）掌握填充颜色的技巧。

任务评价

见附录2。

任务作业

（1）查阅资料，收集相关线条盘饰作品，并设计一幅构图。

（2）课后多加练习并预习下节课的任务内容。

课堂笔记

任务三　梅花盘饰制作

学习目标

（1）了解以枝干为主的盘饰造型。
（2）掌握梅花盘饰的制作方法和构图设计。

任务准备

1. 原料准备

中蓝色果酱、黑色果酱、黄色果酱、红色果酱。

2. 工具准备

圆形平板碟、棉签、手布。

任务实施

（1）用黑色果酱写出主题，用红色果酱画出印章。
（2）将中蓝色果酱挤成大小一致的小点。
（3）用手指轻轻将果酱向内抹开。
（4）用黄色果酱在梅花中央画花心。
（5）用黑色果酱轻轻拉线，画出花蕊。
（6）根据梅花的位置用黑色果酱画出枝干。
（7）用中蓝色果酱点缀一些小梅花。
（8）完成作品。

课堂笔记

❶

❷

❸

视频扫一扫

课堂笔记

图 2-26 梅花盘饰制作

操作要领

（1）挤果酱时要注意点的大小，它决定了梅花的大小。
（2）抹梅花花瓣时注意用力大小，按住点的一半轻轻地向内抹开。
（3）梅花枝干要画得自然，与梅花协调。

任务评价

见附录2。

任务作业

（1）查阅资料，收集相关梅花盘饰作品，并设计一幅构图。
（2）课后多加练习并预习下节课的任务内容。

任务四　喇叭花盘饰制作

学习目标

（1）了解以半圆形为主的盘饰造型。
（2）掌握喇叭花盘饰的制作方法和构图设计。

任务准备

1. 原料准备

红色果酱、黑色果酱、深绿色果酱、黄色果酱。

2. 工具准备

圆形平板碟、棉签、手布。

任务实施

（1）用红色果酱画出半圆。
（2）用手指上下推拉抹出纹路。
（3）用红色果酱画出倒半圆（中间粗一点）。
（4）用手指上下推拉抹出纹路（中间部分向下拉长）。
（5）用同样的方法画出第二朵喇叭花。
（6）将深绿色果酱以点状挤在花的两边。
（7）用手指按住深绿色拉出叶子形状。
（8）用黑色果酱画出叶子的纹路。
（9）根据花的位置用黑色果酱画出枝干。
（10）用红色果酱点缀一些小花苞。
（11）用黄色果酱画出花心。
（12）用黑色果酱点缀不规则的小点。
（13）用黑色果酱写出主题。
（14）用红色果酱画出印章。
（15）完成作品。

课堂笔记

视频扫一扫

课堂笔记

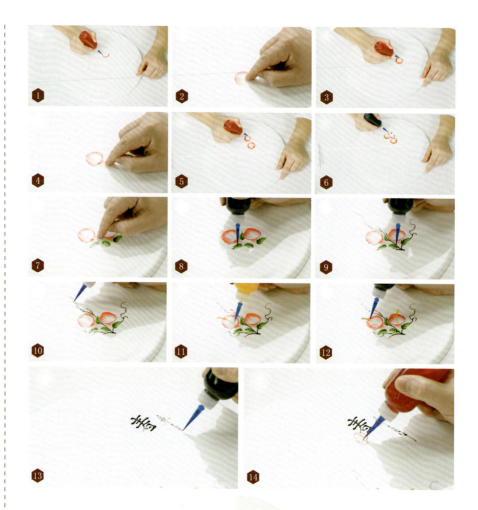

图 2-27 喇叭花盘饰制作

操作要领

（1）根据餐具的大小来决定喇叭花的大小。

（2）抹喇叭花时，注意手指上下推拉的力度。

（3）构图时注意整体的搭配要自然协调。

任务评价

见附录2。

任务作业

（1）查阅资料，收集相关喇叭花盘饰作品，并设计一幅构图。

（2）课后多加练习并预习下节课的任务内容。

课堂笔记

任务五　牡丹花盘饰制作

学习目标

（1）了解以圆形为主的盘饰造型。
（2）掌握牡丹花盘饰的制作方法和构图设计。

任务准备

1. 原料准备

红色果酱、黑色果酱、深绿色果酱、黄色果酱。

2. 工具准备

圆形平板碟、棉签、手布。

任务实施

（1）用红色果酱画出 5 个小半圆。
（2）用手指上下推拉抹出纹路。
（3）画出两个小半圆。
（4）用手指上下推拉抹出纹路。
（5）在下面画出倒半圆。
（6）再次用手指上下推拉抹出纹路。
（7）将深绿色果酱以点状挤在花的周边。
（8）用手指按住深绿色果酱拉出叶子形状。
（9）用黑色果酱画出叶子的纹路。
（10）根据花的位置用黑色果酱画出枝干。
（11）用红色果酱画出小花苞。
（12）用黄色果酱画出花心。
（13）用黑色果酱拉出花蕊。
（14）用黑色果酱写出主题，用红色果酱画出印章。
（15）完成作品。

课堂笔记

视频扫一扫

课堂笔记

图 2-28 牡丹花盘饰制作

操作要领

（1）注意花瓣之间的距离要控制好。

（2）注意牡丹花的大小比例。

（3）抹牡丹花时，注意手指上下推拉的力度。

（4）构图时注意整体的搭配要自然协调。

任务评价

见附录2。

任务作业

（1）查阅资料，收集相关牡丹花盘饰作品，并设计一幅构图。

（2）课后多加练习并预习下节课的任务内容。

课堂笔记

任务六　荔枝盘饰制作

学习目标

（1）了解以果实为主的盘饰造型特点。
（2）掌握荔枝盘饰的制作方法和构图设计。

任务准备

1. 原料准备

红色果酱、黑色果酱、深绿色果酱。

2. 工具准备

圆形平板碟、棉签、手布。

任务实施

（1）用红色果酱画出 5 个空心圆。
（2）用红色果酱将空心圆慢慢涂满。
（3）将深绿色果酱以点状挤在荔枝的周边。
（4）用手指按住深绿色果酱拉出叶子形状。
（5）用黑色果酱画出叶子的纹路。
（6）用黑色果酱点出荔枝的纹路。
（7）用黑色果酱画出荔枝的枝干。
（8）用黑色果酱写出主题。
（9）用红色果酱画出印章。
（10）完成作品。

课堂笔记

视频扫一扫

课堂笔记

图 2-29 荔枝盘饰制作

操作要领

（1）注意荔枝的大小比例。

（2）叶子要细长，体现一定的动感。

（3）构图时注意整体的搭配要自然协调。

任务评价

见附录2。

任务作业

（1）查阅资料，收集相关荔枝盘饰作品，并设计一幅构图。

（2）课后多加练习并预习下节课的任务内容。

课堂笔记

任务七　葡萄盘饰制作

学习目标

（1）了解以球形为主的盘饰造型特点。
（2）掌握葡萄盘饰的制作方法和构图设计。

任务准备

1. 原料准备

深紫色果酱、中蓝色果酱、黑色果酱、深绿色果酱、红色果酱。

2. 工具准备

圆形平板碟、棉签、手布。

任务实施

（1）用深紫色果酱挤出一个点。
（2）手指按住深紫色果酱轻轻地转圈，然后稍微向上抬起。
（3）一个葡萄就完成了。
（4）用同样的方法画出一串葡萄。
（5）用中蓝色果酱重复以上步骤画出另外一串葡萄。
（6）用深绿色果酱挤出点，手指按住拉出叶子形状。
（7）用黑色果酱画出叶子的纹路。
（8）用黑色果酱画出葡萄的枝干。
（9）用黑色果酱写出主题。
（10）用红色果酱画出印章。
（11）完成作品。

课堂笔记

视频扫一扫

课堂笔记

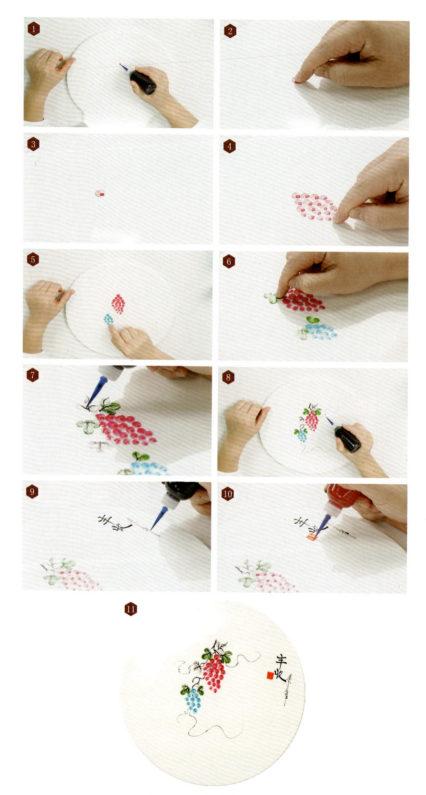

图 2-30 葡萄盘饰制作

操作要领

（1）掌握画葡萄的方法。

（2）注意两串葡萄的大小比例。

（3）叶子要画出三角叶，体现一定的动感。

（4）构图时注意整体的搭配要自然协调。

任务评价

见附录2。

任务作业

（1）查阅资料，收集相关葡萄盘饰作品，并设计一幅构图。

（2）课后多加练习并预习下节课的任务内容。

课堂笔记

任务八　虾趣盘饰制作

学习目标

（1）了解以多线条为主的盘饰造型特点。
（2）掌握虾趣盘饰的制作方法和构图设计。

任务准备

1. 原料准备

黑色果酱、红色果酱。

2. 工具准备

圆形平板碟、棉签、手布。

任务实施

（1）用黑色果酱挤出一个点。
（2）用手指按住黑色果酱轻轻向前推。
（3）画出虾头和长须。
（4）在虾头后面画出曲线。
（5）用手沿曲线向下抹，画出虾的身体部分。
（6）用黑色果酱画出虾的步足。
（7）在尾部画一个小椭圆形。
（8）慢慢涂黑，画出虾尾部。
（9）从虾头部分开始，画出虾的触须。
（10）画出虾的钳子。
（11）画出虾的眼睛。
（12）采用同样的方法画出第二只虾。
（13）用黑色果酱写出主题，用红色果酱画出印章。
（14）完成作品。

> 课堂笔记

视频扫一扫

课堂笔记

图 2-31　虾趣盘饰制作

操作要领

（1）注意抹虾头的力度，不能太用力，否则不均匀。
（2）注意画虾身体的方法，前面两次向前抹，后面三次向后抹。
（3）钳子的线条要粗细协调，显得鲜活有力。

任务评价

见附录 2。

任务作业

（1）查阅资料，收集相关虾趣盘饰作品，并设计一幅构图。
（2）课后多加练习并预习下节课的任务内容。

任务九　小雀盘饰制作

学习目标

（1）了解以飞行动物为主的盘饰造型特点。
（2）掌握小雀盘饰的制作方法和构图设计。

任务准备

1. 原料准备

中蓝色果酱、黑色果酱、墨绿色果酱、灰色果酱、大红色果酱、粉红色果酱。

2. 工具准备

扇形平板碟、棉签、手布。

任务实施

（1）用中蓝色果酱挤出一个点。
（2）用手指按住中蓝色果酱轻轻向后拉，画出小雀的头部。
（3）再用中蓝色果酱点出两个点。
（4）用手指按住中蓝色果酱轻轻向后拉，画出小雀的身体。
（5）用黑色果酱画出小雀的眼睛、嘴巴。
（6）用黑色果酱画出小雀的尾巴。
（7）用粉红色果酱画出小雀的肚子。
（8）用大红色果酱画出小雀的腿和脚。
（9）用墨绿色果酱画出不规则的曲线半圆。
（10）用手上下推拉墨绿色果酱，抹出荷叶的造型。
（11）用黑色果酱画一个荷花的花苞。
（12）用粉红色和大红色果酱给荷花上色。
（13）用灰色果酱画出荷梗。
（14）用黑色果酱点出针刺。

课堂笔记

视频扫一扫

课堂笔记

（15）用黑色果酱画出水草。
（16）用黑色果酱写出主题，用大红色果酱画出印章。
（17）完成作品。

图 2-32 小雀盘饰制作

操作要领

（1）掌握好小雀的画法，如身体方向、尾巴比例等。
（2）掌握荷叶的画法，要画出动态美。
（3）注意荷花花苞、水草等的比例。
（4）构图时注意整体的搭配要自然协调。

任务评价

见附录2。

任务作业

（1）查阅资料，收集相关小雀盘饰作品，并设计一幅构图。

（2）课后多加练习。

项目三　蔬果类菜点装饰造型

思政目标

通过学习，增长学生的见识，激发学生对制作蔬果类盘饰的兴趣，培养学生团队合作精神，树立社会主义核心价值观。要求学生从根本上树立劳工神圣、职业平等、服务社会的观念，要在学习和生活中做到读书得法、手脑并用、自治管理、规律生活，并最终达到知能合一。

任务一　蔬果类盘饰概述

学习目标

（1）了解蔬果类盘饰的制作原料。
（2）掌握蔬果类盘饰的制作技术。

任务实施

一、常用的原料

蔬果品种较多，色彩非常丰富，成本也不高。一般作为盘饰造型制作原料的蔬果品种有水果黄瓜、青萝卜、白萝卜、心里美、胡萝卜、辣椒、洋葱等蔬菜，以及圣女果、苹果、西瓜、橙子、火龙果、猕猴桃、葡萄、蓝莓等水果。

二、常用的工具

蔬果类造型盘饰常用的工具有菜刀、砧板、雕刻主刀、镊子、V形戳刀、U形戳刀以及各种造型模具等。

课堂笔记

课堂笔记

图 2-33　雕刻主刀

图 2-34　不同型号的 V 形和 U 形戳刀

图 2-35　各种造型模具

三、制作过程要求

（1）根据菜肴特点来设计造型。
（2）注重原料的可食性。
（3）注意盘饰造型的美观性。
（4）注意操作过程卫生。

四、成品特点

成品造型美观大方，色彩丰富，富有艺术感和层次感。

任务作业

（1）简述蔬果类盘饰的概念与成品特点。
（2）预习下节课的任务内容。

任务二　扇子盘饰制作

课堂笔记

学习目标

（1）了解以半圆形为主的盘饰造型。
（2）掌握扇子盘饰的制作方法和构图设计。

任务准备

1. 原料准备

青萝卜1根、胡萝卜1根、心里美少许、小米辣1个。

2. 工具准备

圆形白色盘、菜刀、拉线刀、U形戳刀。

任务实施

（1）将青萝卜去皮，批片。
（2）将青萝卜片修成长条梯形。
（3）用U形戳刀将青萝卜片挖出小孔作为扇柄。
（4）将小米辣切成小圈。
（5）将心里美批片后切细丝。
（6）用拉线刀将胡萝卜拉出2根细丝。
（7）将蒸熟后的胡萝卜对半切开。
（8）将胡萝卜去皮后切薄片。
（9）用手轻轻推开胡萝卜片（间距要保持一致）。
（10）将用青萝卜做的扇柄交叉放在两边。
（11）点缀胡萝卜丝、小米辣圈和心里美。
（12）完成作品。

视频扫一扫

课堂笔记

图 2-36 扇子盘饰制作

操作要领

（1）胡萝卜切片要厚薄均匀，推开的间距要保持一致。

（2）青萝卜片要修成梯形，要细长美观。

（3）点缀要合理、精致。

任务评价

见附录3。

任务作业

（1）查阅资料，收集以半圆形为主的相关盘饰作品，并设计一幅构图。

（2）课后多加练习并预习下节课的任务内容。

课堂笔记

任务三 灯笼盘饰制作

课堂笔记

学习目标

（1）了解以圆形为主的盘饰造型。
（2）掌握灯笼盘饰的制作方法和构图设计。

任务准备

1. 原料准备

水果黄瓜1根、胡萝卜1根、小米辣1个。

2. 工具准备

圆形白色盘、菜刀、拉线刀、圆形模具。

任务实施

（1）将黄瓜对半切开。
（2）将黄瓜切成薄片。
（3）将黄瓜头部对半切后修拉出一些纹路。
（4）将小米辣切成小圈。
（5）用拉线刀将胡萝卜拉出细丝备用。
（6）将胡萝卜切片再切细丝。
（7）将圆形模具（或者碗）放在盘子中央。
（8）将切好的黄瓜片沿圆形模具外延进行叠片拼摆（每片叠1/2）。
（9）将黄瓜片摆成圆形，拿掉模具。
（10）将黄瓜头放在灯笼的两端。
（11）用胡萝卜丝、小米辣圈点缀。
（12）完成作品。

视频扫一扫

课堂笔记

图 2-37 灯笼盘饰制作

操作要领

（1）黄瓜切片要厚薄均匀。

（2）黄瓜叠片拼摆成圆形（或椭圆形），每片叠1/2。

（3）点缀要合理、精致。

任务评价

见附录3。

任务作业

（1）查阅资料，收集以圆形为主的相关盘饰作品，并设计一幅构图。

（2）课后多加练习并预习下节课的任务内容。

课堂笔记

任务四　花语盘饰制作

学习目标

（1）了解以花类为主的盘饰造型。
（2）掌握花语盘饰的制作方法和构图设计。

任务准备

1. 原料准备

心里美半个、白萝卜1段、胡萝卜1段、水果黄瓜1根、盐水3碗。

2. 工具准备

圆形白色盘、菜刀、雕刻刀、手布。

任务实施

（1）将白萝卜修成半圆形。
（2）将白萝卜切成薄片。
（3）将薄片放在盐水中泡软。
（4）用同样方法将心里美切成薄片，并放在盐水中泡软。
（5）用同样方法将胡萝卜切成薄片，并放在盐水中泡软。
（6）用雕刻刀将水果黄瓜刻成树叶形状备用。
（7）用手布吸干白萝卜、胡萝卜和心里美的水分。
（8）取一片白萝卜卷出花心。
（9）将白萝卜片一片片地卷起。
（10）用手指轻轻地打开花瓣。
（11）用同样的方法将胡萝卜卷成花。
（12）用同样的方法将心里美卷成花。
（13）把三种不同颜色的花摆在盘子的边缘。
（14）最后放上叶子和线条。
（15）完成作品。

课堂笔记

视频扫一扫

课堂笔记

图 2-38　花语盘饰制作

操作要领

（1）心里美、白萝卜和胡萝卜切片要薄和均匀，切片后要泡盐水。

（2）掌握好月季花制作的方法。

（3）要搭配叶子和线条。

任务评价

见附录3。

任务作业

（1）查阅资料，收集以花类为主的相关盘饰作品，并设计一幅构图。

（2）课后多加练习并预习下节课的任务内容。

课堂笔记

任务五 "同一世界"盘饰制作

学习目标

（1）了解以线条为主的盘饰造型。
（2）掌握"同一世界"盘饰的制作方法和构图设计。

任务准备

1. 原料准备

红色圣女果 1 颗、黄色圣女果 1 颗、番芫荽少许、胡萝卜少许、心里美少许、糖粉少许、巧克力果酱少许。

2. 工具准备

圆形白色盘、菜刀、圆形模具、V 形戳刀。

任务实施

（1）将胡萝卜切成小丁备用。
（2）将心里美切成小丁备用。
（3）将红色圣女果切平备用。
（4）用 V 形戳刀将黄色圣女果从 1/3 处戳开。
（5）在盘中央放上圆形模具（或者碗），用巧克力酱顺着外围画出圆形。
（6）将红色圣女果、黄色圣女果放在巧克力果酱线条上。
（7）在巧克力果酱线条上点缀心里美、胡萝卜小丁。
（8）用番芫荽点缀。
（9）在红色圣女果上撒点糖粉。
（10）完成作品。

课堂笔记

视频扫一扫

课堂笔记

图 2-39 "同一世界"盘饰制作

操作要领

（1）将胡萝卜、心里美切成小丁，不要太大。
（2）将黄色圣女果用 V 形戳刀从 1/3 处戳开时，注意纹路清晰。
（3）用巧克力果酱画圆时可以借助圆形模具。
（4）点缀要恰当，不要喧宾夺主。

任务评价

见附录3。

任务作业

（1）查阅资料，收集以线条为主的相关盘饰作品，并设计一幅构图。

（2）课后多加练习并预习下节课的任务内容。

课堂笔记

任务六 "节节高升"盘饰制作

学习目标

（1）了解以刷线为主的盘饰造型。
（2）掌握"节节高升"盘饰的制作方法和构图设计。

任务准备

1. 原料准备

樱桃萝卜1个、黄瓜1根、小菊花1朵、番芫荽少许、巧克力果酱少许。

2. 工具准备

圆形白色盘、菜刀、雕刻刀、酱汁刷。

任务实施

（1）用菜刀切去樱桃萝卜头尾部分。
（2）用雕刻刀在樱桃萝卜上两斜刀切一定的深度，形成V字形。
（3）切好后用手轻轻向前推出纹路备用。
（4）将樱桃萝卜切一片薄片备用。
（5）将黄瓜批成薄片。
（6）将黄瓜片卷成圆形。
（7）在盘子上挤出巧克力果酱，用酱汁刷刷出线条。
（8）放上一朵小菊花。
（9）把切好的樱桃萝卜、青瓜卷摆在酱汁线条上。
（10）用番芫荽叶、樱桃萝卜片点缀。
（11）完成作品。

课堂笔记

视频扫一扫

课堂笔记

图 2-40 "节节高升"盘饰制作

操作要领

（1）注意将樱桃萝卜切出 V 字形时厚薄要均匀，推出的纹路要一致。

（2）黄瓜批片要薄，并卷成圆形。

（3）酱汁刷刷出的线条要自然。

任务评价

见附录 3。

任务作业

（1）查阅资料，收集以刷线为主的相关盘饰作品，并设计一幅构图。

（2）课后多加练习并预习下节课的任务内容。

课堂笔记

任务七 "截然不同"盘饰制作

学习目标

（1）了解以插件为主的盘饰造型。
（2）掌握"截然不同"盘饰的制作方法和构图设计。

任务准备

1. 原料准备

胡萝卜1根、红色小樱桃1个、番芫荽少许、澄面少许、心里美少许、青豆少许、巧克力果酱少许、橙色食用色素少许。

2. 工具准备

圆形白色盘、菜刀、雕刻刀、U形戳刀。

任务实施

（1）将澄面用开水烫熟。
（2）在澄面中加点橙色食用色素拌匀备用。
（3）将胡萝卜切成长片（厚度约0.3厘米）。
（4）用U形戳刀在胡萝卜片上戳出不规则的圆点。
（5）用雕刻刀将胡萝卜片修成不规则的线条。
（6）将心里美切成小丁备用。
（7）用巧克力果酱在盘子上画出线条。
（8）把胡萝卜插件用澄面固定，放在线条中央位置。
（9）用番芫荽点缀四周。
（10）放上小樱桃、心里美小丁、青豆点缀。
（11）完成作品。

课堂笔记

视频扫一扫

课堂笔记

图 2-41 "截然不同"盘饰制作

操作要领

（1）注意澄面一定要用开水烫熟。

（2）掌握胡萝卜插件制作的方法与技巧。

（3）注意各种原料摆放的位置要合理。

任务评价

见附录3。

任务作业

（1）查阅资料，收集以插件为主的相关盘饰作品，并设计一幅构图。

（2）课后多加练习并预习下节课的任务内容。

课堂笔记

任务八 "永远相随"盘饰制作

学习目标

(1) 了解以原料自然形状为主的盘饰造型。
(2) 掌握"永远相随"盘饰的制作方法和构图设计。

任务准备

1. 原料准备

洋葱1个、红色小樱桃1个、铜钱草2片、小菊花1朵、青豆少许、番芫荽少许、土豆泥少许、芒果果酱少许。

2. 工具准备

白色长方盘、手布、菜刀。

任务实施

(1) 将洋葱切圈备用。
(2) 将小樱桃切平。
(3) 在盘子上挤出芒果果酱。
(4) 用手布将果酱刷出纹路。
(5) 用土豆泥把洋葱圈固定后,放在芒果果酱线条上。
(6) 将小菊花、小樱桃、铜钱草摆在洋葱圈周围。
(7) 用青豆、番芫荽点缀。
(8) 完成作品。

课堂笔记

视频扫一扫

课堂笔记

图 2-42 "永远相随"盘饰制作

操作要领

（1）洋葱圈不要切得太宽。

（2）刷出的芒果果酱纹路要清晰、完整。

（3）洋葱圈要用土豆泥固定住。

（4）点缀要合理，不要喧宾夺主。

任务评价

见附录3。

任务作业

（1）查阅资料，收集以原料自然形状为主的相关盘饰作品，并设计一幅构图。

（2）课后多加练习并预习下节课的任务内容。

课堂笔记

任务九 "落落大方"盘饰制作

学习目标

（1）了解以组合为主的盘饰造型。
（2）掌握"落落大方"盘饰的制作方法和构图设计。

任务准备

1. 原料准备

青萝卜半根、胡萝卜半根、小青柠1个、蓝莓2个、铜钱草2片、番芫荽少许、澄面少许、巧克力果酱少许、橙色食用色素少许。

2. 工具准备

白色长方盘、菜刀、雕刻刀、圆形模具。

任务实施

（1）将澄面用开水烫熟，加点橙色食用色素拌匀备用。
（2）将胡萝卜切片。
（3）将切好的胡萝卜片改成正方形。
（4）在正方形胡萝卜片中间用圆形模具镂空。
（5）将青萝卜切片。
（6）将切好的青萝卜片改成长方形。
（7）用雕刻刀将青萝卜中间镂空。
（8）将小青柠对半切开备用。
（9）用巧克力果酱在长方盘上画出线条。
（10）用澄面将修好的青萝卜片、胡萝卜片固定。
（11）用小青柠、蓝莓、铜钱草、番芫荽点缀。
（12）完成作品。

课堂笔记

视频扫一扫

课堂笔记

图 2-43 "落落大方"盘饰制作

操作要领

（1）注意澄面一定要用开水烫熟。
（2）镂空时注意方形和圆形的比例大小要协调美观。
（3）果酱线条可以适当变化。
（4）点缀要合理、美观。

任务评价

见附录3。

任务作业

（1）查阅资料，收集以组合为主的相关盘饰作品，并设计一幅构图。
（2）课后多加练习并预习下节课的任务内容。

项目四　脆片类菜点装饰造型

思政目标

通过运用不同的食材制作成形态各异的脆片，提高学生对于食材更深层次的理解和认知，同时增强学生的创新精神，领悟简单的食材也可以有多种的变化，并且引导学生在学习过程中，多加思考，探索食材当中的变化之美。

任务一　脆片类盘饰概述

学习目标

（1）学习不同脆片盘饰的概念。
（2）学习不同脆片的运用。

任务实施

美食烹饪道路是没有尽头的，无论是一道多么简单的菜肴，在不同厨师手中，都能产生截然不同的多种变化和风味。烹饪基于传统，但不是一成不变的。无论是人均上千元的米其林星级餐厅还是大众型餐厅，都需要将食物做得又好看又美味。

脆片盘饰，顾名思义是在盘子或特殊器皿上，或是食物之间呈现的脆片装饰物。这是通过不同形态的脆片利用容器平面与立体空间的维度来表现的。

如何把食物之美表现得淋漓尽致，通过哪种手段来实现，对很多厨师来说都是一种创意的考验，也是体现技艺高度的一种方式。在目前餐饮行业中，对不同脆片的运用是一种十分常见与实用的提升菜肴之美的方法。

课堂笔记

> 课堂笔记

1. 米浆薄脆

制作米浆薄脆,用简单的工具设备即可做出薄脆的口感,还可以根据需求放上芝麻、辣椒粉等制成不同味道。

图 2-44 米浆薄脆

2. 焦糖脆片

焦糖脆片的制作不需要用到烘干机,更不需要油炸。它适用于冷菜和甜品,或作为装饰物体现。而且焦糖脆片有个特点,就是可以像春卷一样卷起来将食材包裹在内。

图 2-45 焦糖脆片

3. 彩色糖片

彩色糖片是指经过近一小时的 150℃ 高温烘烤呈现出的固态脆片。这类装饰既美观又实用,更加适用于甜品中。

图 2-46 彩色糖片

4. 黄油芝麻脆片

黄油芝麻脆片有着黄油和芝麻的浓郁香气，它既可以是餐前小吃，也可以搭配沙拉或热菜等菜肴。

图 2-47　黄油芝麻脆片

5. 墨鱼西米脆片

这是一款用西米和墨鱼汁搭配制作而成的锅巴脆片，十分流行。它的颜色、形状以及口感令人觉得既惊奇又可爱，适合作为餐前小吃，或在冷餐中运用。

图 2-48　墨鱼西米脆片

6. 树叶脆片

树叶脆片的制作简单实用，通过面粉与其他食材的组合，利用特殊的模具制作成靓丽的脆片。树叶脆片不仅可以凸显食材的风味，还改变了食材原本的形态，激发了客人对菜品的兴趣。

图 2-49　树叶脆片

课堂笔记

7. 彩色珊瑚脆片

这是一款全球餐厅后厨都在运用的装饰脆片,就连米其林餐厅这样的高级餐厅也会用到彩色珊瑚脆片。

图 2-50 彩色珊瑚脆片

8. 南瓜海苔脆片

制作南瓜海苔脆片时,需选用粉质相对更软糯的南瓜,提前把南瓜压制成南瓜泥备用。还要准备异麦芽糖,也就是我们熟知的拉丝糖。由于南瓜含水量较多,所以炒制南瓜酱和烘干脆片的时间都会稍久一些。

图 2-51 南瓜海苔脆片

任务作业

(1) 思考脆片在各式菜肴中起到了哪些作用。

(2) 思考应该如何保存不同的脆片。

任务二　米浆薄脆盘饰制作

学习目标

（1）了解米浆薄脆的制作特点。
（2）学会米浆薄脆的烹调方法和制作流程。

任务准备

1. 原料准备

大米 50 克、水 500 毫升、盐 2 克、芝麻 15 克、海苔碎 8 克、红椒粉 1 克。

2. 设备与工具准备

微波炉、油布、汤锅、手持均质机、碟子、漏勺。

任务实施

（1）将大米反复洗净去除杂质，加水煮成粥。
（2）使用手持均质机将煮好的粥打成米浆。
（3）将打好的米浆平铺在油布上，将其放入碟子，使用微波炉高温加热 5 分钟左右定型即可取出。
（4）油锅加热至七成油温左右，放入米浆皮炸至膨胀酥脆后取出控油。
（5）将盐、芝麻、海苔碎、红椒粉混合均匀。
（6）在炸好的薄脆上均匀撒上混合好的配料并拌匀，摆盘装饰即可。

课堂笔记

❶

❷

❸

视频扫一扫

课堂笔记

图 2-52 米浆薄脆盘饰制作

操作要领

（1）粥水要使用高转速的均质机才可以打出细腻的米浆。

（2）在炸制米浆薄脆过程中要控制好油温，才能炸出完美的薄脆。

任务评价

见附录 4。

任务作业

（1）查阅资料，了解大米还可以被制作成哪些装饰脆片。

（2）思考大米煮成粥并打成米浆后，经过加热可以凝结的原因。

任务三　焦糖脆片盘饰制作

学习目标

（1）了解焦糖脆片的制作特点。
（2）学会焦糖脆片的烹调方法和制作流程。

任务准备

1. 原料准备

砂糖 250 克、葡萄糖浆 100 克、黑巧克力 50 克。

2. 设备与工具准备

汤锅、温度计、破壁机、烤箱、筛网、油布、造型模具、刮刀、直筒。

任务实施

（1）用汤锅加热葡萄糖浆和砂糖至 145℃呈焦糖色。
（2）在锅中加入黑巧克力，利用余温融化并搅拌混合。
（3）将搅拌好的巧克力倒在油布上冷却，等待硬化。
（4）利用破壁机将硬化后的巧克力脆片打成细腻的粉末。
（5）利用筛网将粉末均匀地撒在油布上，用造型模具压出几个圆圈，放入 200℃的烤箱中烤 3～5 分钟。
（6）在脆片完全冷却之前，将其卷起做造型。
（7）摆盘装饰。

课堂笔记

视频扫一扫

课堂笔记

图 2-53 焦糖脆片盘饰制作

操作要领

（1）使用高转速的破壁机将巧克力脆片打成更加细腻的粉末后制作的脆片会更加均匀，容易成型。

（2）从烤箱拿出脆片后，要在脆片完全冷却之前迅速将其卷起做造型。

任务评价

见附录4。

任务作业

（1）思考糖变成焦糖的原理是什么。

（2）思考焦糖除了可以制作成脆片外，还可以运用到哪些地方。

任务四　彩色糖片盘饰制作

学习目标

（1）了解彩色糖片的制作特点。

（2）学会彩色糖片的烹调方法和制作流程。

任务准备

1. 原料准备

葡萄糖浆 200 克、色素 2 克。

2. 设备与工具准备

烤箱、硅胶垫、抹刀。

任务实施

（1）将葡萄糖浆和色素混合均匀。

（2）将混合好的糖浆均匀抹在硅胶垫上。

（3）放入 150℃烤箱烘烤 1 个小时即可取出，待其冷却后，将其掰成想要的大小形状。

（4）摆盘装饰。

图 2-54　彩色糖片盘饰制作

课堂笔记

视频扫一扫

课堂笔记

操作要领

（1）每个烤箱的情况不一样，要根据糖的实际状态来调整温度和时间。

（2）糖片要在干燥的环境下保存，同时要避免高温。

任务评价

见附录4。

任务作业

（1）思考为何糖浆经过高温加热后形态会发生变化。

（2）查找资料，了解糖浆平常可以运用在哪些地方。

任务五 黄油芝麻脆片盘饰制作

学习目标

（1）了解黄油芝麻脆片的制作特点。
（2）学会黄油芝麻脆片的烹调方法和制作流程。

任务准备

1. 原料准备

白芝麻 50 克、葡萄糖浆 100 克、黄油 50 克、杏仁片 50 克、白砂糖 100 克。

2. 设备与工具准备

烤箱、油布、擀面杖、汤锅、硅胶铲。

任务实施

（1）将白砂糖和葡萄糖浆煮化，待微微变色后加入白芝麻和杏仁片。
（2）搅拌均匀，再加入黄油后即刻离火，混合均匀。
（3）将混合物倒在油布上，使用擀面杖稍微整形铺平。
（4）放入 220℃烤箱烤 8 分钟左右取出。
（5）等待脆片完全冷却后掰成想要的形状。
（6）用做好的脆片进行摆盘装饰。

图 2-55 黄油芝麻脆片盘饰制作

课堂笔记

操作要领

（1）趁混合物热着的时候，快速将其稍微塑形后放入烤箱烘烤。

（2）在烤制的过程中，要时刻注意脆片的变化，防止烤煳。

任务评价

见附录4。

任务作业

（1）思考黄油芝麻脆片还能以什么形态呈现，并且要运用到哪些辅助工具或手法来制作。

（2）思考黄油芝麻脆片搭配什么菜肴会相得益彰。

任务六　墨鱼西米脆片盘饰制作

学习目标

（1）了解墨鱼西米脆片的制作特点。
（2）学会墨鱼西米脆片的烹调方法和制作流程。

任务准备

1. 原料准备

西米 150 克、墨鱼汁 10 克、调和油 1 升、水 1.5 升、辣椒粉 2 克、孜然粉 5 克、盐 1 克。

2. 设备与工具准备

微波炉、油布、汤锅、滤网、碟子、镊子。

任务实施

（1）将西米放入冷水中煮至熟透，呈透明状。
（2）使用滤网沥干西米水分后倒入碗中备用。
（3）将煮好的西米与墨鱼汁混合均匀。
（4）将西米平铺在油布上，放入微波炉内高火加热 8 分钟成型后取出。
（5）将定型的西米撕成想要的形状，用七成的油温炸至膨胀酥脆。
（6）将调料（辣椒粉、孜然粉、盐）与脆片混合均匀，即可用于摆盘出餐。

课堂笔记

视频扫一扫

课堂笔记

图 2-56　墨鱼西米脆片盘饰制作

操作要领

（1）煮西米时要冷水下锅。

（2）炸的过程要注意控制油温，油温适当，才可以炸出完美的脆片。

任务评价

见附录 4。

任务作业

（1）查阅资料，找到以西米为主要制作原料的三种配菜或菜肴。

（2）西米的主要成分是什么？它是如何制作而成的？

任务七　树叶脆片盘饰制作

学习目标

（1）了解树叶脆片的制作特点。

（2）学会树叶脆片的烹调方法和制作流程。

任务准备

1. 原料准备

红菜头 500 克、白砂糖 20 克、蛋清 1 个、蛋黄半个、面粉 40 克、黄油液 15 克。

2. 设备与工具准备

破壁机、烤箱、树叶模具、菜刀、玻璃碗、刮刀、不锈钢勺子。

任务实施

（1）将红菜头切块，使用破壁机将小块红菜头打碎成泥备用。

（2）取 50 毫升红菜头泥，加入剩余的全部原料混合均匀。

（3）利用刮刀将混合好的面糊均匀抹在树叶模具上。

（4）放入烤箱 170 ℃烤制 8 分钟。

（5）将烤好的脆片取出，冷却后用于摆盘即可。

课堂笔记

视频扫一扫

课堂笔记

图 2-57 树叶脆片盘饰制作

操作要领

（1）在混合面糊的过程中，要将面粉充分搅散。

（2）烤制的时间要根据实际来调整，防止过度上色。

任务评价

见附录 4。

任务作业

（1）思考此款脆片常用于哪些菜肴。

（2）举一反三，还可以制作什么口味的脆片呢？

任务八　彩色珊瑚脆片盘饰制作

学习目标

（1）了解彩色珊瑚脆片的制作特点。

（2）学会彩色珊瑚脆片的烹调方法和制作流程。

任务准备

1. 原料准备

红菜头 200 克、水 600 毫升、面粉 10 克、色拉油 30 毫升、盐 1 克。

2. 设备与工具准备

玻璃碗、蛋抽、不粘平底锅、刮刀、吸油纸。

任务实施

（1）将红菜头下水煮开后滤出汁水备用。

（2）取 90 克汁水与其余原料搅拌均匀，制成混合液。

（3）将锅加热至五成左右，加入适量的混合液转至中小火慢煎定型后取出。

（4）使用吸油纸吸掉多余的油分即可进行摆盘。

课堂笔记

图 2-58　彩色珊瑚脆片盘饰制作

视频扫一扫

课堂笔记

操作要领

（1）注意混合液加热之前要先将其用蛋抽充分搅拌均匀。

（2）煎制的过程中，锅内不再有气泡产生说明水分已完全蒸发，这时即可取出脆片。

任务评价

见附录4。

任务作业

（1）思考脆片的成型原理是什么。

（2）举一反三，还可以利用什么原料制作同款脆片呢？

任务九　南瓜海苔脆片盘饰制作

课堂笔记

学习目标

（1）了解南瓜海苔脆片的制作特点。
（2）学会南瓜海苔脆片的烹调方法和制作流程。

任务准备

1. 原料准备

南瓜 300 克、白砂糖 35 克、葡萄糖浆 20 克、海苔粉 15 克。

2. 设备与工具准备

烘干机、汤锅、树叶模具、硅胶铲、刮刀。

任务实施

（1）将南瓜放入水中煮至熟透且软烂。
（2）将南瓜捞出，控掉多余水分备用。
（3）将南瓜泥和葡萄糖浆、白砂糖混合均匀煮至糖化开。
（4）将煮好的南瓜泥均匀抹在树叶模具上，在其表面均匀撒上海苔粉。
（5）将南瓜泥放入烘干机 65℃烘干 6～7 小时。
（6）取出脆片用于摆盘即可。

视频扫一扫

图 2-59　南瓜海苔脆片盘饰制作

课堂笔记

操作要领

（1）在糖浆的煮制过程中要防止焦糖化，避免影响成品色泽。

（2）在上模具的过程中要注意涂抹均匀，这样烘干程度才会一致。

任务评价

见附件 4。

任务作业

（1）烘干机的原理是什么？与用烤箱制作脆片的区别是什么？

（2）举一反三，还可以制作哪些同款脆片呢？

项目五　面塑类菜点装饰造型

思政目标

通过学习，培养学生认识美的能力和创造美的技能，培养学生良好的沟通能力与团结协作能力，倡导学生在"做中学"，培养良好的职业能力，发展其创新能力，能够学以致用，以适应行业动态发展需求。

任务一　面塑类盘饰概述

学习目标

（1）熟悉常用菜点围边装饰面塑面团的调制。
（2）熟练使用面塑制作工具和运用面塑制作手法。
（3）能制作常用的围边品种。

任务实施

面塑是我国一种古老的街头民间艺术，是以面团为原料进行象形造型的一门工艺。汉代至今有关面塑的记录已有两千年历史。面塑制作被引进餐饮后，主要用于菜点的围边装饰及大型宴会和展台的装饰，起到点缀和美化菜点、烘托宴席气氛的作用。

基础面塑以花卉、蔬果等题材的品种制作为主，结合企业生产需要，一般以喜庆、吉祥、色彩鲜明、生活化、有趣的品种为主，通过花卉、蔬果、小动物等形象呈现。

学习面塑需掌握以下要点：

一、面团制作

本项目介绍的面塑主要可分为食用性面塑和用于食品装饰的面塑，均使用可食性原料。配方主要分为花卉制作和其他品种制作两种。

课堂笔记

> **课堂笔记**

（1）花卉制作的面团配方：澄面 500 克，生粉 50 克，开水 650 毫升，猪油 30 克。

（2）其他品种制作的面团配方：澄面 500 克，糯米粉 100 克，开水 700 毫升，猪油 50 克。

在制作花卉面塑时，花瓣要做得薄而细，因此面团要较硬同时质感透亮，使用生粉便能达到此效果。而蔬果、动物等品种的面塑则要求面团较软滑，成品不易开裂变形，故使用糯米粉和较多的猪油。猪油会给面团带来天然的光泽，令成品更生动形象。

两种面团均采用烫面法（虾饺皮制作方法）：

按照配方准备材料，将澄面和生粉或糯米粉和匀，用散热慢、较深的容器盛装（一般用不锈钢盆），容器体积是粉量的两倍，把烧至 100℃的开水迅速倒入粉中，马上用擀面杖搅拌均匀，倒在案板上搓成纯滑面团，然后加入猪油再搓纯滑，待凉后用保鲜膜包好备用。

因面塑面团要根据品种进行烫制，有面点制作基础的人在这个步骤只要掌握好水量和水温，平时多进行练习操作，便能得心应手地制作出符合品种制作要求的面团。

二、配色要求

色泽是整个面塑成品的灵魂，因此用色好的面塑，特别是水果类面塑，最令人难忘。可食的象形点心品种不允许添加人工合成色素，围边的面塑一般用人工合成色素；而用于纯装饰的面塑（与食品没有接触）或工艺面塑（案头陈设品）则可使用广告色素或水彩，色彩的选择会更丰富。

人工合成色素以红、黄、绿、蓝为主，表 2-1 可供调色参考。

表 2-1　配色比例

原色	红	黄	绿	蓝	效果
6	1	1			肉色
		6	4		浅绿色
	4			6	紫色
		3		3	绿色
4	3	3			橙色

如要制作装饰面塑,可增加白色(钛白粉)、黑色(食用黑色色膏)色素,配色比例如表2-2所示。

表2-2 装饰面塑配色比例

原色	红	黄	绿	橙	黑	白	效果
	3				7		棕色
					3	7	灰色
	6			2		2	橙黄色

制作时不是对着一份调色表就可以达到满意的效果,学生要在调色表基础上进行反复练习,以达到熟练自如的状态。

在生产时,一般先调制红、黄、绿、蓝等色泽较浓厚的主色调面团(行话称为"色胆")。制作时可根据所塑品种,在"色胆"中加入白色面团进行调色从而得到所需色泽,在制作较大量的面塑盘饰时,这种做法能大大节省时间。当制作的品种数量较少或工艺性较强时,如展台作品,则应对所塑品种进行设计,手绘出效果图后,再对面团逐一调色,之后进行捏制,这样才能达到最佳效果。

调色时需注意以下几点:

(1)不要在木案板上进行调色,色素渗入木头后难以清洗。

(2)可在不锈钢或石制案板上进行调色。

(3)要了解所用色素,如粉剂、水剂、油剂的效果和使用量,反复练习,从而对色泽运用自如。

三、润滑油(防粘手油)

在面塑制作过程中,一般会用到润滑油,起到防粘的效果,故又称"防粘手油"。常用的润滑油包括"手蜡"、猪油、黄牛油和白牛油,一般不选用植物油作为润滑油,以免成品表面裂开。

(1)"手蜡":用蜡和油对半熔化凝固后使用,不可食用,方便携带。

(2)猪油:本教材统一使用猪油,防粘效果好,使用方便。

(3)黄牛油:防粘效果好,使用方便,黄牛油的黄色对纯白造型会产生影响。

(4)白牛油:质地硬,易起粒。

课堂笔记

四、面塑工具

可根据品种选择制作工具，一般最常用的是塑刀、剪刀等，可在网上购买专业面塑工具，有以竹、亚克力、塑料、不锈钢、木、骨等材料制成的工具。初入行的厨师可选择塑料等较便宜、轻手、不粘的工具，熟练后可根据需要再购买各式各样工具，也可根据品种自行制作工具。一般使用后的工具要洗抹干净，擦干水分，用盒子存放保管，以竹、木制成的工具可定时涂抹生油或猪油（稍润滑后抹干），令其更光滑耐用。

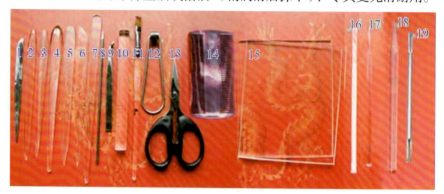

1.切眼睑、嘴巴、拇指；2.压眼眶、眉骨轮廓、眼角、嘴角；3.切眼睛、挑鼻梁；4.压卡通开脸、眼眶；5.划、推、挤衣纹；6.挑鼻梁、切衣纹；7.做袖子、压颊部、做卡通；8.挑鼻梁、滚压颈部；9.夹细小配件；10.滚压薄片和飘带；11.刷水、压卡通眼睛；12.压纹路；13.剪头发、手指；14.滚压珠串、做斗笠和花篮；15.压衣片、花瓣；16.彩绘衣服花纹；17.做小型的人物，开脸、挤皱纹；18.做小型的人物，开脸、挤皱纹；19.微型U形戳刀：直径3毫米，可以戳嘴形、鸟的羽毛，戳鱼鳞片、龙鳞，做武将的铠甲，特别适合做细微作品。

图2-60 面塑工具

面塑制作是高于面点制作的一个技能，要求创作者有一定的美学基础和发现美的眼光，所以面塑创作者平时要多观察花卉、蔬菜、小动物等面塑常用题材的形态特征，要经常练习面塑制作的手法，不断巩固，才能学好面塑，创作出精美的作品。

制作比赛作品及大型面塑作品时，构图应以手描画形式出稿，以便于资料的保存和在绘制过程中更好地理解作品的结构和形态，并不断提高创作者的面塑制作水平。

任务作业

（1）课后练习烫面法，熟练掌握面团生熟度及软硬度。

（2）对面团进行调色，试试用工具做一个自己熟悉的装饰作品。

（3）试着做一个简单的面塑工具。

任务二　玫瑰花盘饰制作

学习目标

（1）了解玫瑰花的结构和动态美。

（2）掌握玫瑰花的捏塑手法、技巧和构图设计。

任务准备

1. 原料准备

粉红色面团、绿色面团、白色面团、黄色面团、猪油适量。

2. 工具准备

圆形白瓷碟、塑刀。

任务实施

（1）用粉红色面团捏出花心。

（2）用粉红色面团捏出花瓣，8～10片花瓣组成一朵花。

（3）绿色面团加少许黄色面团、白色面团，做出花托。

（4）将花托固定在花底部，一朵玫瑰6个花托。

（5）用绿色面团加白色、黄色面团做出叶子，用塑刀压出叶子纹理，叶子数量可自定。

（6）按所需构图装盘，作品完成。

课堂笔记

❶

❷

❸

视频扫一扫

课堂笔记

图 2-61　玫瑰花盘饰制作

操作要领

（1）注意玫瑰花的大小比例。

（2）掌握花瓣的捏塑手法、花形的开放状态。

（3）色泽要调和自然，不要过于浓厚。

（4）加入白色面团和黄色面团，可体现出叶子的阴影，使效果更加生动。

任务评价

见附录 5。

任务作业

（1）查阅资料，收集玫瑰花的相关图片，设计一幅构图，以手描画形式完成。

（2）课后多加练习并预习下节课的任务内容。

任务三　康乃馨盘饰制作

学习目标

（1）了解康乃馨的结构和形态色泽差异。
（2）掌握康乃馨的捏塑手法、技巧和构图设计。

任务准备

1. 原料准备

黄色面团、绿色面团、白色面团、猪油适量。

2. 工具准备

塑刀。

任务实施

（1）取三等份黄色面团。
（2）将面团捏出花瓣纹。
（3）将三片花瓣组合成一朵康乃馨花坯。
（4）用绿色面团加上白色面团做出花托，用塑刀压出叶子纹理。
（5）一朵康乃馨配四个花托。
（6）用绿色面团加白色面团搓出花枝，置于花托底部。
（7）用绿色面团加白色面团，搓出柳叶形的叶子，用塑刀压出叶子纹理，固定在花枝周围。
（8）完成作品。

课堂笔记

视频扫一扫

课堂笔记

图 2-62　康乃馨盘饰制作

操作要领

（1）注意康乃馨的大小比例。

（2）重点掌握捏塑康乃馨花瓣的手法。

（3）康乃馨叶子是柳叶形的，较细小。

（4）组合时要注意突出花朵，花枝和花叶不能太多太杂，这样成品效果才有清新的感觉。

任务评价

见附录5。

任务作业

（1）查阅资料，收集康乃馨的相关图片，设计一幅构图，以手描画形式完成。

（2）课后多加练习并预习下节课的任务内容。

任务四　木棉盘饰制作

学习目标

（1）了解木棉的结构和特征。
（2）掌握木棉的捏塑手法、技巧和构图设计。

任务准备

1. 原料准备

深红色面团、黄色面团、可可色面团、绿色面团、猪油适量。

2. 工具准备

圆形白瓷碟、剪刀、塑刀。

任务实施

（1）用黄色面团搓出大花蕊。
（2）围着大花蕊用黄色面团搓3圈小花蕊。
（3）用剪刀把花蕊头剪成十字。
（4）取五等份深红色面团，压出花瓣形。
（5）将花瓣叠放成半圆形。
（6）将花瓣包上花蕊形成木棉坯。
（7）用部分绿色面团和可可色面团捏出花托，一朵木棉花配三片花托。
（8）为木棉坯装上花托，整理花形。
（9）用可可色面团加绿色面团搓出花枝，用塑刀在花枝上压出纹理，按所需构图装盘，作品完成。

课堂笔记

视频扫一扫

课堂笔记

图 2-63　木棉盘饰制作

操作要领

（1）掌握搓花蕊的手法。

（2）掌握花瓣和花蕊的比例。

（3）木棉没有叶子，构图要精练，以大花苞为主，衬上几个小花苞。

任务评价

见附录 5。

任务作业

（1）查阅资料，收集木棉的相关图片，设计一幅构图，以手描画形式完成。

（2）课后多加练习并预习下节课的任务内容。

课堂笔记

任务五　长茄子盘饰制作

学习目标

（1）了解长茄子的结构和形态变化。
（2）掌握长茄子的捏塑手法、技巧和构图设计。

任务准备

1. 原料准备

紫色面团、白色面团、绿色面团、可可色面团、猪油适量。

2. 工具准备

塑刀。

任务实施

（1）紫色面团包上白色面团，捏至打影（白色面团的作用是令茄子有反光感）。
（2）将面团搓成长茄子形。
（3）用可可色面团和绿色面团做瓜蒂，用塑刀压出纹理。
（4）给茄子装上瓜蒂。
（5）用绿色面团搓几条藤蔓。
（6）完成作品。

课堂笔记

❶

❷

视频扫一扫

课堂笔记

图 2-64　长茄子盘饰制作

操作要领

（1）注意长茄子的大小比例和整体装盘效果。

（2）掌握长茄子反光效果的制作手法。

（3）注意茄子蒂和茄子的比例。

任务评价

见附录 5。

任务作业

（1）查阅资料，收集长茄子的相关图片，设计一幅构图，以手描画形式完成。

（2）课后多加练习并预习下节课的任务内容。

任务六　木瓜盘饰制作

学习目标

（1）了解木瓜的结构和色泽变化。
（2）掌握木瓜的捏塑手法、技巧和构图设计。

任务准备

1. 原料准备

橙色面团、绿色面团、可可色面团、猪油适量。

2. 工具准备

塑刀。

任务实施

（1）橙色面团加上绿色面团，搓至打影。
（2）将面团搓成木瓜形。
（3）用塑刀和手法勾勒出木瓜轮廓。
（4）用可可色面团做出木瓜蒂并装好。
（5）完成作品。

课堂笔记

课堂笔记

图 2-65 木瓜盘饰制作

操作要领

（1）注意木瓜的大小比例和木瓜形的捏塑手法。

（2）捏塑熟木瓜时，以橙色面团为主，绿色面团为辅；捏塑生木瓜时则反之。

（3）摆盘时可加上木瓜叶、藤蔓等作为装饰，更显生动。

任务评价

见附录5。

任务作业

（1）查阅资料，收集木瓜的相关图片，设计一幅构图，以手描画形式完成。

（2）课后多加练习并预习下节课的任务内容。

任务七 雪梨盘饰制作

学习目标

（1）了解雪梨的结构和形态特征。
（2）掌握雪梨的捏塑手法、技巧和构图设计。

任务准备

1. 原料准备

黄色面团、绿色面团、可可色面团、可可色食用色素液、猪油适量。

2. 工具准备

牙刷。

任务实施

（1）先用可可色面团搓出雪梨蒂，然后风干或烘干。
（2）在黄色面团中加入少许绿色面团，搓出雪梨形。
（3）用手法勾勒出雪梨轮廓，再用牙刷蘸上可可色食用色素液弹出分散的小斑点。
（4）弹出斑点要细小自然。
（5）装上雪梨蒂。
（6）完成作品。

课堂笔记

❶

❷

视频扫一扫

课堂笔记

图 2-66 雪梨盘饰制作

操作要领

（1）注意雪梨的大小比例和捏塑手法。

（2）雪梨蒂要风干或烘干后再使用。

（3）雪梨蒂顶部为平口，不能是圆口或尖口。

（4）弹可可色小斑点时力道要柔和，斑点小而分布均匀才自然。

任务评价

见附录 5。

任务作业

（1）查阅资料，收集雪梨的相关图片，设计一幅构图，以手描画形式完成。

（2）课后多加练习并预习下节课的任务内容。

任务八　苹果盘饰制作

学习目标

（1）了解苹果的结构和色泽。
（2）掌握苹果的捏塑手法、技巧和构图设计。

任务准备

1. 原料准备

黄色面团、绿色面团、可可色面团、红色食用色素液适量、可可色食用色素液适量。

2. 工具准备

小刷子、牙刷。

任务实施

（1）先用可可色面团搓出苹果蒂，然后风干或烘干。
（2）黄色面团加少许绿色面团和匀，搓出苹果形。
（3）整理好苹果轮廓，装上苹果蒂。
（4）用小刷子蘸上红色食用色素液在苹果坯上划出花纹。
（5）用牙刷蘸上可可色食用色素液弹出斑点。
（6）弹出的斑点要自然，上多下少。
（7）完成作品。

课堂笔记

视频扫一扫

课堂笔记

图 2-67　苹果盘饰制作

操作要领

（1）注意苹果的大小比例和捏塑手法。

（2）苹果蒂要风干或烘干后再使用。

（3）刷苹果纹要一次刷出效果，尽量不要反复。

任务评价

见附录5。

任务作业

（1）查阅资料，收集苹果的相关图片，设计一幅构图，以手描画形式完成。

（2）课后多加练习并预习下节课的任务内容。

课堂笔记

任务九　水蜜桃盘饰制作

学习目标

（1）了解水蜜桃的结构、色泽和外形特征。
（2）掌握水蜜桃的捏塑手法、技巧和构图设计。

任务准备

1. 原料准备

白色面团、绿色面团、红色面团、可可色面团、面粉、猪油适量。

2. 工具准备

塑刀。

任务实施

（1）白色面团加少许绿色面团搓匀，在其中包入红色面团捏至打影。
（2）用面团捏出水蜜桃形。
（3）用手法勾勒出水蜜桃轮廓，拍上面粉。
（4）用绿色面团加少许可可色面团做出桃枝，再用绿色面团加少许白色面团做桃叶，用塑刀压出叶子的纹理。
（5）装上桃枝和叶子。
（6）完成作品。

课堂笔记

视频扫一扫

课堂笔记

图 2-68 水蜜桃盘饰制作

操作要领

（1）注意桃子的大小比例和捏塑手法。
（2）桃子色泽要自然和谐。
（3）捏好桃子后马上拍面粉，面粉不能过多。
（4）桃子叶呈细长形。

任务评价

见附录 5。

任务作业

（1）查阅资料，收集水蜜桃的相关图片，设计一幅构图，以手描画形式完成。
（2）课后多加练习并预习下节课的任务内容。

项目六　糖艺类菜点装饰造型

思政目标

通过学习，增加学生对糖艺的认识，激发学生对制作糖艺的兴趣，培养学生对艺术的追求，对作品精益求精的精神，塑造学生的职业素养。同时，培养学生团队精神和合作意识、创新意识和审美能力。这些目标的实现将有助于学生在提升专业技能的同时，实现个人素养的全面提升。

任务一　熬糖及调色技术

学习目标

（1）掌握糖体熬制的方法和操作要领。
（2）掌握糖体调色的方法和操作要领。

任务准备

1. 原料准备

艾素糖 500 克，绿色食用色素、黄色食用色素、红色食用色素、蓝色食用色素各一瓶。

2. 设备与工具准备

电磁炉、厚底奶锅、不粘垫、糖艺手套、温度计、不锈钢勺子、保鲜膜、一次性筷子。

任务实施

（1）对艾素糖进行加温熬制。
（2）直接熬制到175℃关火。

课堂笔记

视频扫一扫

课堂笔记

（3）趁热加入适量食用色素。

（4）冷却后用保鲜膜封好，放入密封盒保存。

图 2-69　熬糖及调色技术

操作要领

（1）注意糖体熬制过程中不需要加水。

（2）糖体熬制温度须达到 175℃。

（3）熬制过程中不可过度搅拌。

（4）注意操作安全。

任务评价

见附录 6。

任务作业

（1）查阅资料，收集熬制糖体的不同方法，写出不同之处。

（2）课后多加练习并预习下节课的任务内容。

任务二　淋糖盘饰制作

课堂笔记

学习目标

（1）掌握淋糖盘饰的制作方法和操作要领。
（2）能够熟练制作出淋糖作品作为菜点盘饰。

任务准备

1. 原料准备

艾素糖500克、绿色食用色素一瓶。

2. 设备与工具准备

电磁炉、厚底奶锅、不粘垫、糖艺手套、擀面杖、圆形模具、温度计、不锈钢勺子、可食用鲜花适量等。

任务实施

（1）将艾素糖熬至175℃。
（2）熬好的糖稍冷却后，利用擀面杖淋出长条半圆形的图案。
（3）为糖体调色，加入绿色食用色素调色后，淋出网格造型的图案。
（4）利用圆形模具淋出短的半圆形的图案。
（5）待淋糖图案冷却定型后摆盘。

视频扫一扫

课堂笔记

图 2-70 淋糖盘饰制作（三种造型）

操作要领

（1）注意糖体熬制过程中不需要加水。

（2）糖体熬制温度须达到 175℃。

（3）注意操作安全。

任务评价

见附录 6。

任务作业

（1）查阅资料，收集淋糖盘饰的不同款式，写出两个不同的淋糖盘饰的制作方法。

（2）课后多加练习并预习下节课的任务内容。

任务三　糖丝盘饰制作

学习目标

（1）掌握糖丝盘饰的制作方法和操作要领。
（2）能够熟练制作出糖丝作品作为菜点盘饰。

任务准备

1. 原料准备

艾素糖500克、绿色食用色素一瓶、可食用鲜花适量。

2. 设备与工具准备

电磁炉、厚底奶锅、不粘垫、糖艺手套、温度计、不锈钢勺子、糖艺拉丝枪。

任务实施

（1）将艾素糖熬至175℃。
（2）为糖体调色，加入绿色食用色素，并用不锈钢勺子搅匀。
（3）用不锈钢勺子把糖淋到糖艺拉丝枪上。
（4）待糖丝圈冷却定型后摆盘。

图2-71　糖丝盘饰制作

视频扫一扫

课堂笔记

操作要领

(1) 注意糖体熬制过程中不需要加水。
(2) 糖体熬制温度须达到175℃。
(3) 注意操作安全。

任务评价

见附录6。

任务作业

(1) 查阅资料,收集糖丝盘饰的不同造型,设计一款糖丝盘饰。
(2) 课后多加练习并预习下节课的任务内容。

任务四　叶子盘饰制作

学习目标

（1）掌握糖艺叶子盘饰的制作方法和操作要领。
（2）能够熟练制作出糖艺叶子作品作为菜点盘饰。

任务准备

1. 原料准备

艾素糖500克、绿色食用色素一瓶。

2. 设备与工具准备

电磁炉、厚底奶锅、糖艺机、不粘垫、糖艺手套、叶子硅胶模具、温度计、不锈钢勺子。

任务实施

（1）将艾素糖熬至175℃。
（2）为糖体调色，加入绿色食用色素，并用不锈钢勺子搅匀。
（3）利用叶子硅胶模具拉出糖艺叶子。
（4）在糖艺叶子冷却前对其进行造型。
（5）冷却定型后摆盘。

课堂笔记

❶

❷

视频扫一扫

课堂笔记

图 2-72　叶子盘饰制作

操作要领

（1）注意糖体熬制过程中不需要加水。

（2）糖体熬制温度须达到 175℃。

（3）注意操作安全。

任务评价

见附录 6。

任务作业

（1）查阅资料，收集糖艺叶子盘饰的不同款式，设计一款糖艺叶子盘饰。

（2）课后多加练习并预习下节课的任务内容。

任务五 糖条盘饰制作

学习目标

（1）掌握糖条盘饰的制作方法和操作要领。
（2）能够熟练制作出糖条作品作为菜点盘饰。

任务准备

1. 原料准备

艾素糖500克。

2. 设备与工具准备

电磁炉、厚底奶锅、糖艺机、不粘垫、糖艺手套、温度计、擀面杖、圆形模具、镊子。

任务实施

（1）将艾素糖熬至175℃。
（2）待艾素糖降至适合温度，拉出糖条。
（3）糖条降温前，利用擀面杖做出第一个造型。
（4）糖条降温前，利用圆形模具做出第二个造型。
（5）糖条造型一冷却定型后摆盘。
（6）糖条造型二冷却定型后摆盘。

课堂笔记

①

②

视频扫一扫

课堂笔记

图 2-73 糖条盘饰制作

操作要领

（1）注意糖体熬制过程中不需要加水。
（2）糖体熬制温度须达到175℃。
（3）注意操作安全。

任务评价

见附录6。

任务作业

（1）查阅资料，收集糖条盘饰的不同款式，设计一款糖条盘饰。
（2）课后多加练习并预习下节课的任务内容。

任务六　糖球盘饰制作

学习目标

（1）掌握糖球盘饰的制作方法和操作要领。
（2）能够熟练制作出糖球作品作为菜点盘饰。

任务准备

1. 原料准备

艾素糖500克、蓝色糖片。

2. 设备与工具准备

电磁炉、厚底奶锅、糖艺机、不粘垫、糖艺手套、温度计、不锈钢勺子、气囊、剪刀。

任务实施

（1）将艾素糖熬至175℃。
（2）将糖体拉出亮度。
（3）利用气囊吹出糖球。
（4）在糖球冷却前造型，把糖球粘在提前准备好的蓝色糖片上固定装盘即可。

课堂笔记

❶

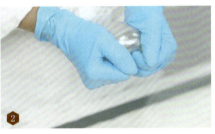
❷

视频扫一扫

课堂笔记

图 2-74 糖球盘饰制作

操作要领

（1）注意糖体熬制过程中不需要加水。
（2）糖体熬制温度须达到 175℃。
（3）注意操作安全。

任务评价

见附录 6。

任务作业

（1）查阅资料，收集糖球盘饰的不同造型，设计一款糖球盘饰。
（2）课后多加练习并预习下节课的任务内容。

任务七　马蹄莲盘饰制作

学习目标

（1）掌握糖艺马蹄莲盘饰制作的方法和操作要领。
（2）能够熟练制作出糖艺马蹄莲作品作为菜点盘饰。

任务准备

1. 原料准备

艾素糖500克、绿色食用色素一瓶。

2. 设备与工具准备

电磁炉、厚底奶锅、糖艺机、不粘垫、糖艺手套、温度计、剪刀、不锈钢勺子、一次性筷子。

任务实施

（1）将艾素糖熬至175℃。
（2）为糖体调色，加入绿色食用色素，并用一次性筷子搅匀。
（3）拉出马蹄莲花心，并修剪。
（4）拉出马蹄莲花瓣。
（5）拉出马蹄莲花茎。
（6）拉出马蹄莲花叶，并修剪造型。
（7）冷却定型后摆盘。

课堂笔记

❶

❷

视频扫一扫

课堂笔记

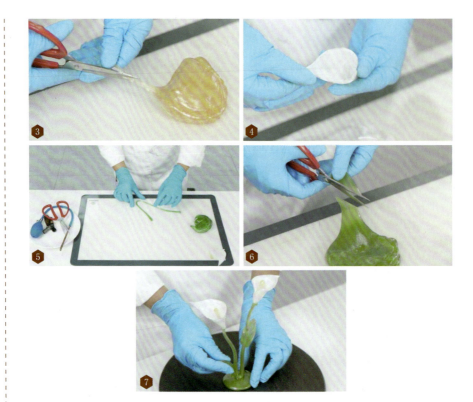

图 2-75 马蹄莲盘饰制作

操作要领

（1）注意糖体熬制过程中不需要加水。

（2）糖体熬制温度须达到175℃。

（3）注意操作安全。

任务评价

见附录6。

任务作业

（1）查阅资料，收集糖艺马蹄莲盘饰的各种造型，设计一款关于糖艺马蹄莲的盘饰。

（2）课后多加练习并预习下节课的任务内容。

任务八　五瓣花盘饰制作

学习目标

（1）掌握糖艺五瓣花盘饰制作的方法和操作要领。
（2）能够熟练制作出糖艺五瓣花作品作为菜点盘饰。

任务准备

1. 原料准备

艾素糖 500 克，绿色食用色素、粉色食用色素各一瓶。

2. 设备与工具准备

电磁炉、厚底奶锅、糖艺机、不粘垫、糖艺手套、温度计、不锈钢勺子、叶子硅胶模具、一次性筷子、剪刀。

任务实施

（1）将艾素糖熬至 175℃。
（2）为糖体调色，分别加入粉色和绿色食用色素，并搅匀。
（3）拉出五瓣花花心，并用剪刀剪出花蕊，压出花蕊纹路。
（4）用粉色糖体拉出五瓣花花瓣。
（5）用绿色糖体拉出五瓣花花茎。
（6）利用叶子硅胶模具拉出五瓣花花叶。
（7）冷却定型后摆盘。

课堂笔记

视频扫一扫

课堂笔记

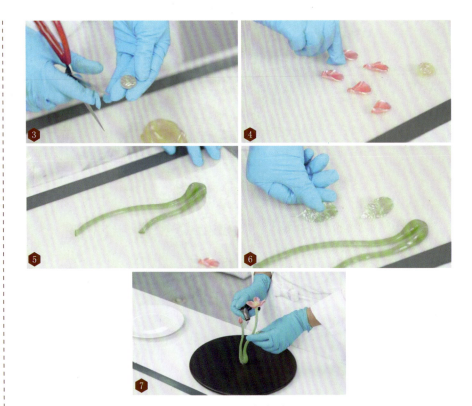

图 2-76 五瓣花盘饰制作

操作要领

（1）注意糖体熬制过程中不需要加水。
（2）糖体熬制温度须达到 175℃。
（3）注意操作安全。

任务评价

见附录 6。

任务作业

（1）查阅资料，收集糖艺五瓣花盘饰的各种造型，设计一款关于糖艺五瓣花的盘饰。
（2）课后多加练习并预习下节课的任务内容。

任务九　天鹅盘饰制作

学习目标

（1）掌握糖艺天鹅盘饰制作的方法和操作要领。

（2）能够熟练制作出糖艺天鹅作品作为菜点盘饰。

任务准备

1. 原料准备

艾素糖500克、粉色食用色素一瓶。

2. 设备与工具准备

电磁炉、厚底奶锅、糖艺机、不粘垫、糖艺手套、温度计、不锈钢勺子、气囊、一次性筷子、剪刀、黑色食用笔、叶子硅胶模具。

任务实施

（1）将艾素糖熬至175℃。

（2）用粉色食用色素为糖体调色。

（3）拉出天鹅嘴巴。

（4）用气囊吹制天鹅身体。

（5）利用叶子硅胶模具拉出天鹅翅膀并塑形。

（6）拉出天鹅头冠。

（7）用黑色食用笔画上天鹅眼睛。

（8）冷却定型后摆盘。

课堂笔记

视频扫一扫

课堂笔记

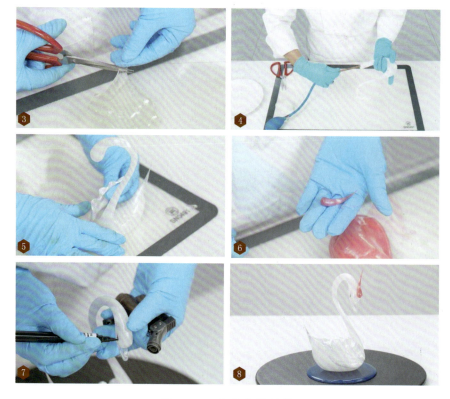

图 2-77 天鹅盘饰制作

操作要领

（1）注意糖体熬制过程中不需要加水。
（2）糖体熬制温度须达到 175℃。
（3）注意制作安全。

任务评价

见附录 6。

任务作业

（1）查阅资料，收集糖艺天鹅盘饰的各种造型，设计一款关于糖艺天鹅的盘饰。
（2）课后多加练习并预习下节课的任务内容。

项目七　果蔬雕刻类菜点装饰造型

> 课堂笔记

思政目标

通过对雕刻盘饰的美学设计与制作，提高学生的审美能力和艺术鉴赏力，同时加深学生对中国传统文化和艺术的理解和认识，提升其文化素养。鼓励学生在掌握传统盘饰技艺的基础上，发挥创新精神和实践能力，设计出具有个性和时代特点的盘饰作品。

任务一　果蔬雕刻类盘饰概述

学习目标

（1）掌握果蔬雕刻盘饰的雕刻技巧和组合方法。
（2）了解不同形式的果蔬雕刻盘饰在餐饮艺术中的应用。

任务实施

果蔬雕刻盘饰制作是一门将新鲜果蔬原料雕刻成各式生动造型的独特技艺。这种饮食艺术形式追求创意和美感，厨师通过精湛的刀法和组合技巧，为用餐客人带来更高层次的视觉享受。学习和掌握各种果蔬雕刻盘饰的制作方法和运用技巧对于烹饪专业学生来说具有重要的意义。

果蔬雕刻盘饰是一种独特而精致的菜品装饰形式，厨师通过各种雕刻技法，将富有色彩和形状美感的水果与蔬菜雕刻成精致且具有创意的作品，使果蔬雕刻盘饰成为餐桌上的艺术品。由水果和蔬菜精心雕琢而成的盘饰不仅在色彩上呈现出极大的对比度，还能通过不同的形状和纹理营造出引人入胜的视觉效果，为用餐场合增色不少。其应用涵盖了多个场合，为客人的用餐体验增添了艺术气息。

课堂笔记

以下是果蔬雕刻盘饰的一些主要应用场景：

1. 宴会和正式餐饮场合

在宴会和正式餐饮场合，果蔬雕刻盘饰可以作为精美的装饰品摆放在每个餐盘旁，不仅为菜品增添色彩，提升了菜肴整体的视觉效果，还能为宾客营造出高雅的用餐氛围。

2. 婚礼和庆典

在婚礼、生日宴会或其他庆典场合，果蔬雕刻盘饰可以作为主菜或甜点的点缀，为庆典增加一份特别的仪式感。其独特的艺术形式能够吸引参与者的目光，使整个场面更加生动活泼。

3. 主题派对和活动

在各类主题派对或特殊活动中，厨师可以根据主题创作具有独特造型的果蔬雕刻盘饰。这不仅可以为活动增色，还能使得食物成为参与者关注的焦点。

4. 高端餐厅美食展示

在高端餐厅美食展示中，果蔬雕刻盘饰常常被用于展示厨师的创意和技艺。这种独特的装饰不仅提升了菜品的品质，还展现了餐厅对细节的关注。

5. 家庭聚餐和特殊款待

在家庭聚餐或款待特殊客人时，果蔬雕刻盘饰可以成为主厨展现烹饪技艺和待客礼仪的一种方式。它不仅为普通的家庭餐桌增加了艺术氛围，也体现了对客人的特殊关照。

总之，果蔬雕刻类盘饰的应用不仅注重美感和创意，更通过其独特的形式为用餐场合注入新颖的元素，使整个用餐氛围更加丰富多彩。本项目通过演示不同类型的果蔬雕刻盘饰制作，让学生学习了解不同果蔬原料的雕刻技巧和组合方法，并从中找到规律，举一反三，能够根据不同的菜品和主题需求进行创作。

任务作业

（1）果蔬雕刻盘饰的种类有哪些？查找资料进行归类整理。

（2）果蔬雕刻盘饰可以应用在哪些场景？

任务二　茶花盘饰制作

学习目标

（1）了解茶花盘饰的制作方法。
（2）掌握茶花和圆环配件的雕刻技巧和组装方法。

任务准备

1. 原料准备

胡萝卜1段、青萝卜2片、白萝卜1段、蓬莱松1枝。

2. 工具准备

主刀、小号拉刀、圆形模具、502胶水、牙签。

任务实施

（1）用胡萝卜雕刻出一朵茶花。
（2）用青萝卜皮雕刻出两片叶子。
（3）取白萝卜厚片，用圆形模具压出两片大小不一的圆环。
（4）准备好所有配件。
（5）用502胶水把所有配件组装成型。
（6）成品展示。

课堂笔记

❶

❷

❸

视频扫一扫

课堂笔记

图 2-78 茶花盘饰制作

操作要领

（1）雕刻茶花时需注意花瓣要薄且完整、层次分明，去废料干净利落。

（2）雕刻圆环配件时注意大小比例差异。

（3）组装时要高低错落有致，冷暖色间隔搭配美观。

任务评价

见附录 7。

任务作业

（1）以茶花为主题，画一幅盘饰设计图。

（2）按照设计图，选好原料，制作一款创新盘饰并拍照上交。

任务三 黄兰花盘饰制作

学习目标

（1）了解黄兰花盘饰的制作方法。

（2）掌握黄兰花和圆环镂空配件的雕刻技巧与组装方法。

任务准备

1. 原料准备

胡萝卜1段、青萝卜1段、心里美1块、白萝卜1片。

2. 工具准备

主刀、小号U形戳刀、圆形模具、502胶水、蓝紫色水溶性彩铅笔。

任务实施

（1）用胡萝卜雕刻一朵黄兰花。

（2）取一片半圆形心里美萝卜，用小号U形戳刀刻出圆孔。

（3）取一片白萝卜厚片，用圆形模具压出圆环。

（4）把心里美镂空片用502胶水粘贴进白萝卜圆环中。

（5）雕刻两小块心里美作为装饰，并用502胶水粘贴在青萝卜底座上。

（6）按照高低错落、疏密有致的规律，把所有配件组装成型。

（7）成品展示。

❶

❷

视频扫一扫

课堂笔记

课堂笔记

图 2-79　黄兰花盘饰制作

操作要领

（1）雕刻黄兰花时需注意花瓣要薄且完整、层次分明，去废料干净利落。

（2）圆环与镂空配件的大小要吻合，无缝粘贴。

（3）组装时要高低错落有致，冷暖色间隔搭配美观。

任务评价

见附录 7。

任务作业

（1）以黄兰花为主题，画一幅盘饰设计图。

（2）按照设计图，选好原料，制作一款创新盘饰并拍照上交。

任务四　樱桃萝卜花盘饰制作

课堂笔记

学习目标

（1）了解樱桃萝卜花盘饰的制作方法。

（2）掌握樱桃萝卜花和蒜心的雕刻技巧和组装方法。

任务准备

1. 原料准备

樱桃萝卜1个、青萝卜1块、蒜心1条、蓬莱松1枝。

2. 工具准备

主刀、五边形拉刀、牙签。

任务实施

（1）用樱桃萝卜雕刻一朵小的大丽花，放入水中浸泡。

（2）用五边形拉刀在蒜心两侧拉出叶子。

（3）把蒜心放入水中浸泡至叶子卷曲。

（4）把蒜心弯成圆形用牙签固定在青萝卜底座上，插上樱桃萝卜花，最后加上蓬莱松即可。

（5）成品展示。

①

②

③

视频扫一扫

课堂笔记

图 2-80　樱桃萝卜花盘饰制作

操作要领

（1）樱桃萝卜花采用大丽花的手法进行雕刻。
（2）注意浸泡蒜心的时间，时间越长分支越卷曲。

任务评价

见附录 7。

任务作业

（1）以樱桃萝卜花为主题，画一幅盘饰设计图。
（2）按照设计图，选好原料，制作一款创新盘饰并拍照上交。

任务五　小蘑菇盘饰制作

> **课堂笔记**

📖 学习目标

（1）了解樱桃萝卜在盘饰中的应用和不同搭配。
（2）掌握蘑菇和镂空配件的雕刻技巧和组装方法。

📖 任务准备

1. 原料准备

胡萝卜1段、青萝卜1段、白萝卜1段，樱桃萝卜两个。

2. 工具准备

主刀、小号拉刀、U形戳刀、502胶水、蓝紫色水溶性彩铅笔。

📖 任务实施

（1）用主刀把樱桃萝卜对半切开，并平切削出表面的圆形图案。
（2）取胡萝卜厚片，刻出长方体，并用小号拉刀拉出墙体的纹路。
（3）取一段白萝卜，用U形戳刀刻出两段大小不一的圆柱。
（4）切一片正方形青萝卜厚片，用彩铅笔画出窗户的图案，再用主刀刻出镂空窗空窗。
（5）在青萝卜表面用拉刀刻出小草。
（6）取胡萝卜厚片，用U形戳刀刻出底座。
（7）按照高低错落、疏密有致的规律，把所有配件组装成型。
（8）成品展示。

❶

❷

视频扫一扫

课堂笔记

图 2-81 小蘑菇盘饰制作

操作要领

（1）制作镂空片时先用彩铅定位，画好图案后再沿划线垂直下刀去废料。

（2）组装时要高低错落有致，冷暖色间隔搭配美观。

任务评价

见附录 7。

任务作业

（1）以小蘑菇为主题，画一幅盘饰设计图。

（2）按照设计图，选好原料，制作一款创新盘饰并拍照上交。

任务六　灯笼盘饰制作

学习目标

（1）了解樱桃萝卜在盘饰中的应用和不同搭配。
（2）掌握灯笼和镂空片的雕刻技巧和组装方法。

任务准备

1. 原料准备

青萝卜1段、白萝卜1段，樱桃萝卜1个、胡萝卜1片、铜钱草3株。

2. 工具准备

主刀、U形戳刀、圆形模具、502胶水。

任务实施

（1）用樱桃萝卜雕出小灯笼。
（2）用胡萝卜刻出灯笼吊绳，并用502胶水粘贴在灯笼底部。
（3）取两片青萝卜，用U形戳刀分别刻出三角形和长方形镂空片。
（4）把所有配件组装成型。
（5）成品展示。

课堂笔记

视频扫一扫

课堂笔记

图 2-82 灯笼盘饰制作

操作要领

（1）灯笼的雕刻纹路要均匀，两层要相交。
（2）镂空配件的大小孔要相互错开。
（3）三株铜钱草要摆放得错落有致。

任务评价

见附录 7。

任务作业

（1）以灯笼为主题，画一幅盘饰设计图。
（2）按照设计图，选好原料，制作一款创新盘饰并拍照上交。

任务七　扇子盘饰制作

学习目标

（1）了解小物件类盘饰的制作方法。

（2）掌握扇子和不规则镂空片配件的雕刻技巧和组装方法。

任务准备

1. 原料准备

青萝卜1块、白萝卜1片、胡萝卜1片、心里美萝卜1片、铜钱草2株。

2. 工具准备

主刀、圆规、牙签、胶水、蓝紫色水溶性彩铅笔。

任务实施

（1）用白萝卜刻出扇形，用蓝紫色水溶性彩铅笔画出纹路。

（2）雕出扇面上的纹路。

（3）取一片胡萝卜刻出扇形。

（4）在胡萝卜扇形上刻出扇骨，粘贴在白萝卜扇面上；另取一片心里美萝卜刻出流苏。

（5）在长方形青萝卜块上雕出不规则镂空。

（6）用白萝卜刻出两个圆柱形底座。

（7）在胡萝卜片上画出祥云，再沿线条刻出。

（8）把所有配件组装。

（9）成品展示。

课堂笔记

视频扫一扫

课堂笔记

图 2-83 扇子盘饰制作

操作要领

（1）扇子的纹路要均匀。
（2）注意白萝卜扇面和胡萝卜扇骨粘贴的角度要吻合。
（3）雕刻不规则镂空时注意刀口的位置不要断裂。

任务评价

见附录7。

任务作业

（1）以小物件为主题，画一幅盘饰设计图。
（2）按照设计图，选好原料，制作一款创新盘饰并拍照上交。

课堂笔记

任务八　蜗牛盘饰制作

学习目标

（1）了解动植物搭配盘饰的制作方法。
（2）掌握蜗牛和叶子配件的雕刻技巧和组装方法。

任务准备

1. 原料准备

胡萝卜1段、青萝卜1段。

2. 工具准备

主刀、小号拉刻刀、大号拉刻刀、502胶水、砂纸。

任务实施

（1）取一段胡萝卜，用大号拉刻刀雕出蜗牛的身体。
（2）细化蜗牛的细节，用小号拉刻刀拉出蜗牛壳上的纹路。
（3）用砂纸将蜗牛打磨光滑。
（4）用主刀雕出蜗牛的触角。
（5）用502胶水粘上蜗牛的触角。
（6）用青萝卜雕出叶子。
（7）用青萝卜雕出树枝。
（8）把所有配件组装成型。
（9）成品展示。

课堂笔记

视频扫一扫

课堂笔记

图 2-84　蜗牛盘饰制作

操作要领

（1）雕刻蜗牛时注意蜗牛的比例和对称性，使其外观更加协调和自然。

（2）注重雕刻蜗牛的细节，如眼睛、触角和螺壳的纹理，细致入微的雕刻可以使蜗牛更加生动形象。

任务评价

见附录7。

任务作业

（1）以昆虫为主题，画一幅盘饰设计图。

（2）按照设计图，选好原料，制作一款创新盘饰并拍照上交。

任务九　南瓜盘饰制作

课堂笔记

学习目标

（1）了解瓜果类盘饰的制作方法。
（2）掌握南瓜和枝叶配件的雕刻技巧和组装方法。

任务准备

1. 原料准备

胡萝卜1条、青萝卜1条、心里美蜗牛配件1个。

2. 工具准备

主刀、小号拉刻刀、大号拉刻刀、502胶水、砂纸。

任务实施

（1）用胡萝卜雕出一大一小两个南瓜坯。
（2）用大号拉刻刀拉出南瓜的纹路。
（3）用砂纸把南瓜打磨光滑。
（4）用青萝卜刻出南瓜枝。
（5）用青萝卜刻出南瓜叶子。
（6）用青萝卜刻出小草。
（7）把所有配件组装成型。
（8）成品展示。

视频扫一扫

课堂笔记

图 2-85 南瓜盘饰制作

操作要领

（1）均匀拉刻出南瓜的纹路，最后要用砂纸打磨光滑。
（2）注意南瓜枝和叶子的大小比例要协调。
（3）组装时要高低错落有致，冷暖色间隔搭配美观。

任务评价

见附录7。

任务作业

（1）以瓜果为主题，画一幅盘饰设计图。
（2）按照设计图，选好原料，制作一款创新盘饰并拍照上交。

课堂笔记

附 录

附录 1　★任务评价表★

考核内容	考核要点	分值	得分
安全卫生	个人卫生、工位卫生、操作卫生、容器卫生、成品卫生等	5	
职业素养	仪容仪表	5	
操作规范	设施设备使用、公用具使用、工序流程等	10	
外形	是否符合该盘饰法的要求	40	
色泽	酱汁的色泽自然	10	
质地	稠度适中、质地光滑	15	
味道	美味适口	10	
美观	菜品整体的美观性	5	
总分		100	

附录 2　★任务评价表★

考核内容	考核要点	分值	得分
安全卫生	个人卫生、工位卫生、操作卫生、容器卫生、成品卫生等	20	
职业素养	仪容仪表	10	
操作规范	设施设备使用、公用具使用、工序流程等	15	
色彩搭配	不同色彩的果酱搭配	15	
整体效果	整体造型设计	40	
总分		100	

附录3 ★任务评价表★

考核内容	考核要点	分值	得分
安全卫生	个人卫生、工位卫生、操作卫生、容器卫生、成品卫生等	20	
职业素养	仪容仪表	10	
操作规范	设施设备使用、公用具使用、工序流程等	15	
色彩搭配	不同色彩的蔬果搭配	15	
整体效果	整体造型设计	40	
总分		100	

附录4 ★任务评价表★

考核内容	考核要点	分值	学生自评（30%）	教师评价（70%）	得分
安全卫生	个人卫生、工位卫生、操作卫生、容器卫生、成品卫生等	20			
职业素养	仪容仪表	5			
操作规范	设施设备使用、公用具使用、工序流程等	20			
预制	稠度调配适度，用料准确	10			
色泽	颜色鲜艳明亮	10			
口感	香、脆	15			
味道	甜、咸、鲜、香	15			
摆盘	美观精致	5			
总分		100			

附录 5 ★任务评价表★

考核内容	考核要点	分值	学生自评（40%）	教师评价（60%）	得分
色泽	色泽合理自然	20			
形态	形态自然、生动	20			
操作过程	过程规范，手法正确，操作流畅、娴熟	20			
职业素养	仪容仪表得体	10			
安全卫生	盛装的容器和产品干净卫生	10			
整体效果	作品整体的美观性	20			
	总分	100			

附录 6 ★任务评价表★

考核内容	考核要点	分值	得分
安全卫生	个人卫生、工位卫生、操作卫生、容器卫生、成品卫生等	15	
职业素养	仪容仪表	15	
操作规范	设施设备使用、公用具使用、工序流程等	20	
色彩搭配	色彩搭配和谐	15	
创新性	材料、技术手法、设计及应用具有创新性	15	
整体造型	整体造型合理，细节处理得当	20	
	总分	100	

附录 7 ★任务评价表★

考核内容		考核要点	分值	得分
前置作业	设计作品图样	设计合理、美观	10	
雕刻操作过程	纪律	遵守实操课堂纪律	5	
	安全生产	遵守安全操作规范	10	
	职业规范	注意卫生与垃圾分类	5	
雕刻盘饰成品	自选品种	形态优美自然，造型逼真，结构合理	30	
		刀工精细，表面光洁	30	
		20分钟内完成	10	
		总分	100	

MPR 出版物链码使用说明

本书中凡文字下方带有链码图标"———"的地方，均可通过"泛媒关联"App 的扫码功能或"泛媒阅读"App 的"扫一扫"功能，获得对应的多媒体内容。

您可以通过扫描下方的二维码下载"泛媒关联"App、"泛媒阅读"App。

"泛媒关联"App 链码扫描操作步骤：

1. 打开"泛媒关联"App；
2. 将扫码框对准书中的链码扫描，即可播放多媒体内容。

"泛媒阅读"App 链码扫描操作步骤：

1. 打开"泛媒阅读"App；
2. 打开"扫一扫"功能；
3. 扫描书中的链码，即可播放多媒体内容。

扫码体验：

视频扫一扫